U0167835

图解景观设计

GRAPHICAL LANDSCAPE DESIGN

张羽 著

中国建筑工业出版社

图书在版编目（CIP）数据

图解景观设计＝GRAPHICAL LANDSCAPE DESIGN／张
羽著．—北京：中国建筑工业出版社，2021.7（2025.2重印）
ISBN 978-7-112-26299-1

Ⅰ．①图… Ⅱ．①张… Ⅲ．①景观设计—教材 Ⅳ.
①TU986.2

中国版本图书馆CIP数据核字（2021）第132655号

责任编辑：李 鸽 陆新之
文字编辑：黄习习
书籍设计：锋尚设计
责任校对：姜小莲

图解景观设计
GRAPHICAL LANDSCAPE DESIGN
张羽 著

＊

中国建筑工业出版社出版、发行（北京海淀三里河路9号）
各地新华书店、建筑书店经销
北京锋尚制版有限公司制版
建工社（河北）印刷有限公司印刷

＊

开本：787毫米×960毫米 1/16 印张：13½ 字数：301千字
2021年8月第一版 2025年2月第四次印刷
定价：**59.00**元
ISBN 978-7-112-26299-1
（37735）

自序

现在是21世纪20年代，一个科技飞速发展，生活节奏极快的时代，我却做着如此快不得的事情，找资料学习、摹画、编画、编排、标注等等，一笔一划，点滴积累。现在回想这段时光，感觉是一次奢侈的、静心的修行。

景观设计是综合学科，分枝众多，不同学科、不同设计出身的人对它的理解也不同。当前的许多项目都是多个设计学科知识交织在一起的，如工业存量更新、村落建设、历史城区保护利用、老街区改造等项目是城市规划、风景园林、建筑学、历史建筑保护和环境设计专业都可以参与设计的，每一专业也惯用本专业的训练手段去解决问题，对其他设计专业的知识范畴了解不多。景观设计作为自然的柔性手法破坏力较小，实施过程相对温和，可以以较少的投入获得良好的效果，解决人类生活和自然的矛盾，是值得提倡的设计方法。

在梳理景观设计的基础知识和实际案例中，我经常感受到许多好的理念就蕴含在简单的原理中，于是抽解了一些常用的概念、要素和设计手法，配以简图说明，以轻松的感觉解说问题，以期获得人们对景观设计知识的了解。本书涵盖了景观设计概念、历史和理论发展、设计要素、景观空间的建构和设计过程等内容。其中，以中西方代表案例对景观设计的历史和理论进行梳理有益于我们了解景观发展的整体轮廓，主动思考适应于当代景观设计的表达方法；对景观要素的解读属于基本介绍，在实践过程中，我们会发现每一种要素都可以独立作为设计理念来解决主要问题，因此需要查询更多的专业资料和经验积累去深入认识每一种要素；在景观空间的建构中，书中所及是常用手法，具体问题还要具体分析，比如，不一定所有广场和公园都用轴线和序列组织，这是和设计理念相关的；在最后的景观设计过程中列举了一些本人参与的景观项目，图纸内容是按要求呈现的，但解决途径是一家之言，用以说明设计过程涉及到的问题，仅以参考。

本书不强调专业界限，而是通过大量易懂的手绘图示向人们说明景观设计是如何生产"绿色"生活的。只有人们切实感受到景观在日常生活中的作用，才能理解景观是连接人和城市、自然最合适的媒介，不论我们是何种设计背景，都可以将其当做设计方法来塑造宜人的生活环境，使人与地球和谐相处。

张羽

2021年7月20日

目录

第一章
何为景观设计

一、景观与景观设计

1. 景观

1）定义

　　"景观"（landscape）最早来源于德语landschaft，"景"指客观存在的事物，也可以是景物、风景、景致；"观"指人们在观察和感受客观事物时产生的主观看法。景观作为土地及土地上的空间和物质所构成的综合体，它是复杂的自然过程和人类活动在大地上的烙印。因此，景观可表现为风景、栖居地、生态系统和符号。

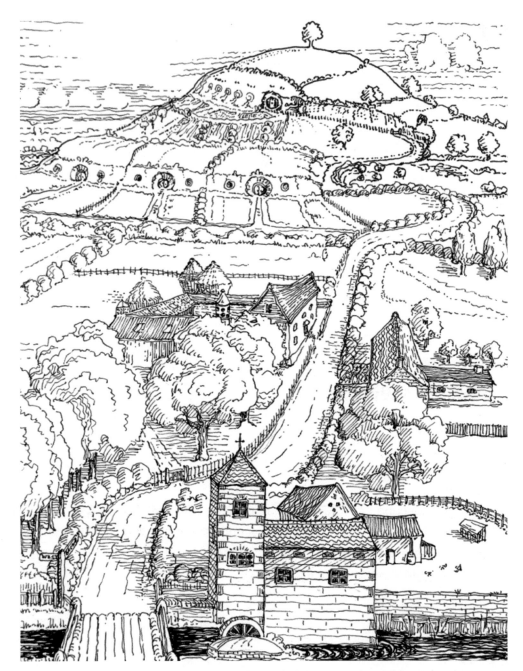

摹自J.R.R.托尔金（J.R.R.Tolkien）《霍比特人》之"小丘：小河对岸的霍比屯"

作为风景，景观是视觉美的感知对象，是人在景观中寄托的个人或群体社会、环境理想

作为生态系统，景观是一个具有结构和功能、内在和外在联系的有机系统

作为栖居地，景观是人与人，人与自然关系在大地上的烙印

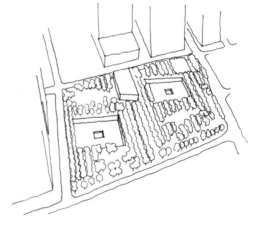

作为符号，景观是一种记载人类过去、表达希望与理想、赖以认同和寄托的语言和精神空间

　　景观是由园林学、规划学、艺术学、生态学和地理学等多学科交叉融合的，在不同的学科中具有不同的意义。地理学家把景观定义为一种地表景象，或综合自然地理区；艺术家把景观作为表现与再现的对象，等同于风景；建筑师则把景观作为空间布局或建筑物的配景、背景；生态学家把景观定义为生态系统；旅游学家把景观当作资源；经济学者则以景观来表征某种经济联系和经济价值；景观对美化城市的管理者和地产商来说则同于城市的街景、立面、绿化或小品。

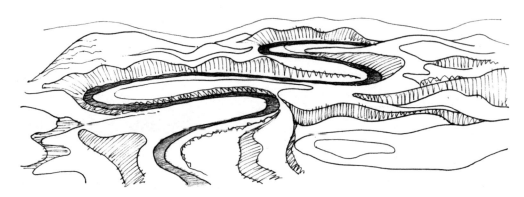

地理学家把景观定义为一种地表景象，或综合自然地理区

艺术家把景观作为表现与再现的对象，等同于风景

建筑师把景观作为空间布局或建筑物的配景、背景

生态学家把景观定义为生态系统

旅游学家把景观当作资源

经济学者以景观来表征某种经济联系和经济价值

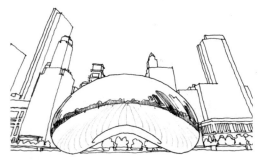

管理者、地产商将景观同于街景、立面、绿化、小品

2）景观类型

自然景观：自然景观是非人力所为或人为因素较少的客观因素，如山、河、植物、地貌、天象、时令等。自然景观为城市形态提供独特的先天条件，是景观设计的依据。

山石地貌

天象

季相"雪"

时令"油菜花开"

人工景观：人工景观是人们有意识地利用自然要素根据自身需要创造的景观，如新旧建筑、公园、广场、公共艺术品等，人工景观具有社会、历史、文化的意义。

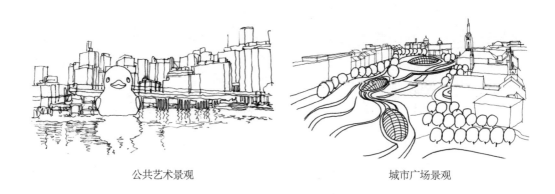

公共艺术景观   城市广场景观

活动景观：活动景观是能够反映人们日常生活、反映地方民俗风情的活动。活动景观常给人的印象是相当深刻的，具有很强的吸引力，如民俗浓郁的市民生活，反映地方经济、制度、文化特征的宗教、礼仪、庆典活动等。

赛龙舟   滑板运动

2. 景观设计

景观设计是一门建立在广泛的自然科学和人文与艺术学科基础上的应用学科；通过对土地及一切人类户外空间的问题进行科学理性地分析，提供社会群体聚集、互动、联系及参与的场所。

1）设计演化

景观设计的产生是一个缓慢的、循序渐进的过程，从原始人的生存实践，到农业社会、工业社会的高层次设计活动，在地球上形成了不同地域、不同风格的景观格局。在以农业与手工业生产为主的封建社会，传统园林服务于上流社会，是社会地位、经济实力的象征，景观设计是满足人们欣赏娱乐的造园活动，如各种园、囿，由此产生了园林学、造园学等；随着工业文明的到来，环境问题一定程度上改变了景观设计的主题，园林的服务对象变为城市自身以及普通市民，因而出现了开放型园林——城市公园，由此拉开了现代景观设计的序幕。1900年，小奥姆斯特德与约翰·查尔斯·奥姆斯特德等人在哈佛大学成立景观建筑学科，将景观设计从非正式的个人研究发展到学院专业化的研究。现代意义上的景观设计，即解决土地综合体的复杂问题，解决土地、人类、城市和土地上的一切生命的安全、健康以及可持续发展的问题。

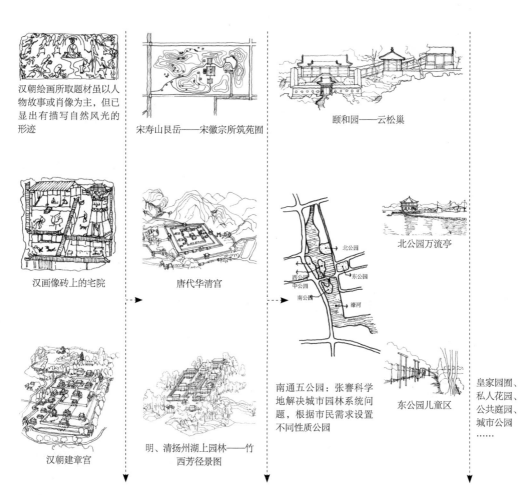

汉朝绘画所取题材虽以人物故事或肖像为主，但已显出有描写自然风光的形迹

宋寿山艮岳——宋徽宗所筑苑囿

颐和园——云松巢

汉画像砖上的宅院

唐代华清宫

北公园万流亭

汉朝建章宫

明、清扬州湖上园林——竹西芳径景图

南通五公园：张謇科学地解决城市园林系统问题，根据市民需求设置不同性质公园

东公园儿童区

皇家园囿、私人花园、公共庭园、城市公园……

中国造园活动

中世纪版画中的伊甸园

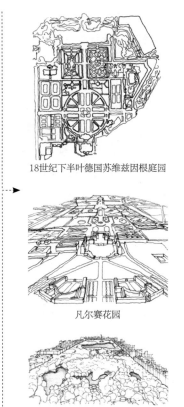

18世纪下半叶德国苏维兹因根庭园

人工景观——中世纪凉亭

凡尔赛花园

空中花园

城市公园——纽约中央公园

西方造园活动从建筑花园庭院、公共集会空间、城镇连接空间的广场、城市公园到全球化趋势、信息与网络技术为社会带来的转变，都将重新定义景观设计学的概念，但无论学科怎样发展，景观设计的本质是不变的，仍在于探索人与环境的关系

西方造园活动

2）设计分类

按设计的目的可分为：

（1）通过视觉以传递信息为目的的设计

从视觉要素出发，以形态设计为主，形成视觉焦点

（2）以满足功能为目的的设计

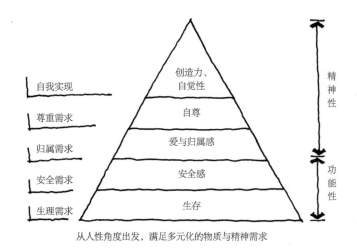

从人性角度出发，满足多元化的物质与精神需求

（3）以构建人类生活环境为目的的设计

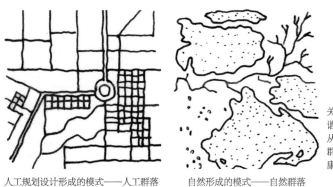

人工规划设计形成的模式——人工群落　　自然形成的模式——自然群落

关注人类社会与自然和谐发展的可持续设计。从生态角度来看，自然群落比人工群落更健康，更有生命力

3）设计过程

（1）方案分析——提出问题

设计者要能够提出问题、发现问题、对问题的构成进行分析和把握，把问题进行分解、分类，寻求解决问题的途径。

（2）理念构建——建立目标

分析设计要素，即人的要素、环境要素和技术要素等，研究要素之间的关联，建立设计目标，围绕设计目标进行理念构建，这是创造性的过程。

（3）设计规划——分析与综合

通过草图来分析是阐明设计问题的要点，寻求各种因素之间的关系和组合的可能性，综合线索，提出设计框架，把设计问题收敛到给定的要求中，按步骤完成规范性图纸文件。

（4）设计实施——检验与评价

以上步骤是一个决策—反思—决策的循环过程，随着设计的深入，每一个步骤得出的结论总是不断地被修正。

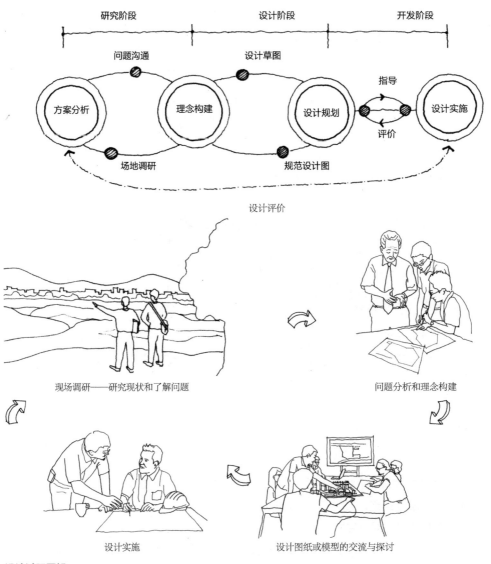

设计过程图解

4）景观设计概念综述

对于景观设计概念的理解和定义有许多种，不同专业对其有不同认识，设计的侧重点不同，可以归纳为以下几点：

（1）土地论

景观设计是关于土地的分析、规划、设计、管理、保护和恢复的科学和艺术，包括景观地质、开放空间系统、给水排水系统、交通系统、绿化系统等诸多方面关系的控制。

（2）规划论

是从大规模、大尺度上对景观的把握，将建筑、道路、景观节点、地形、水体、植被等诸多因素合理布置和规划，维持这一区域自然系统的承载力和可持续性发展。

（3）生态论

景观是由一组类似方式重复出现的、相互作用的生态系统组成的异质性地理单元。作为生态学概念，景观设计强调非生物成分和生物成分的综合，关注景观的功能、格局、过程和等级，实现景观利用最优化。

（4）形体环境论

景观设计是对公共环境的塑造，对资源与环境的综合利用与改造，对建筑面貌的控制和相关设施的设计。

土地论

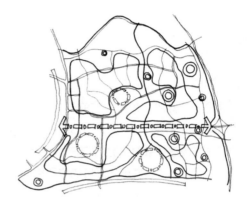

规划论

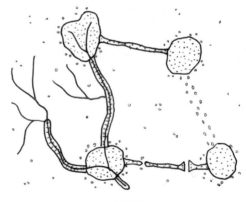

生态论

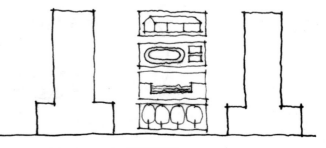

形体环境论

景观设计是一个多学科渗透的领域，它所包含的范围很广，对它的全面认识会随着我们对自然和自身认识的提高而被不断完善和更新。

二、景观设计的范围与特征

1. 范围

1）相关学科

景观设计是一个开放的领域，它的产生是建筑学、城市规划、风景园林等学科发展、融合、分工的结果，是一门多学科交叉渗透的综合学科。

城市规划主要关注社会经济和城市总体发展计划，是为城市建设和管理提供目标、步骤、策略的科学。景观设计学是城市与区域的物质空间规划设计，对象是城市空间形态，侧重于对空间领域的开发和整治，注重景观资源与环境的综合利用与再创造。

景观建筑学偏重于建筑外部空间的形体环境质量问题，包含在景观设计的范围之内，侧重聚居空间的塑造，重在人为空间设计。

园林是在一定的地域范围内，运用园林艺术和工程技术手段，通过改造地形和种植，营造建筑和布置园路来创作美的自然环境和休闲游憩的过程。

环境艺术设计中的景观方向与景观设计的主要区别为：景观设计的关注点在于用综合的途径解决问题，设计过程建立在科学理性的分析基础上，不仅仅依赖设计师的艺术灵感和创造。

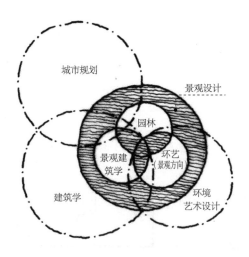

景观设计与相关学科的关系

2）设计内容

景观设计中的主要要素是：地形、水体、植被、建筑、构筑物、公共艺术品等，涉及的范围非常广泛，设计内容主要有：风景区、城市、建筑、园林、庭院、街景等。

从生态学角度，景观设计内容有大面积的河域治理，滨水绿地规划、风景区规划、废弃地改造利用等。

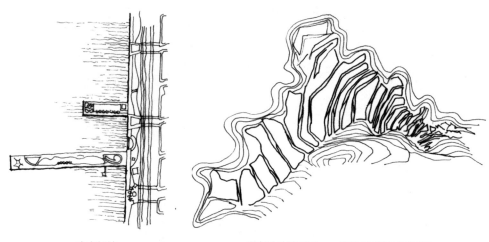

滨水绿地　　　　　　　　　　　　废弃地改造利用——垃圾处理厂景观改造

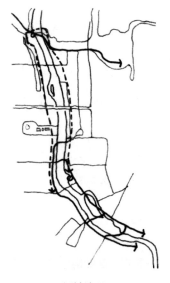

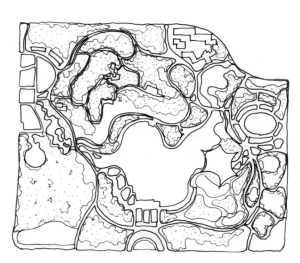

河域治理　　　　　　　　　　　　风景区规划

从规划和园林的角度，景观设计内容有主题公园设计、旅游度假区规划、产业园规划、居住区景观、小游园等。

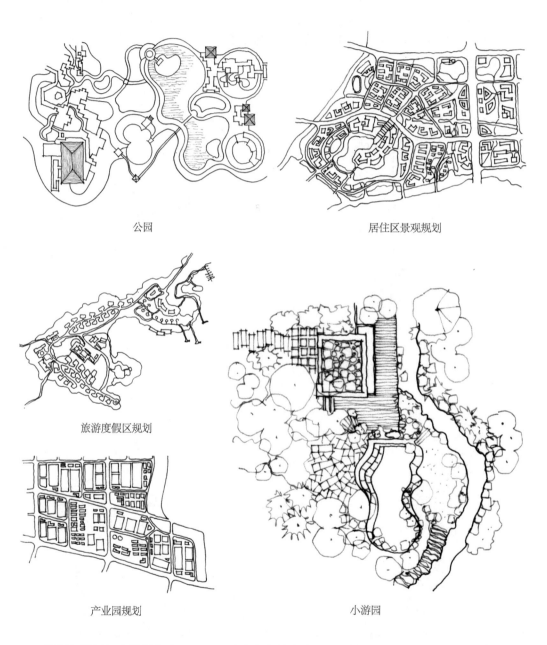

公园

居住区景观规划

旅游度假区规划

产业园规划

小游园

从详细规划与建筑学角度，景观设计内容有城市广场、街道景观、商业街区设计、建筑庭院、休闲设施环境设计等。

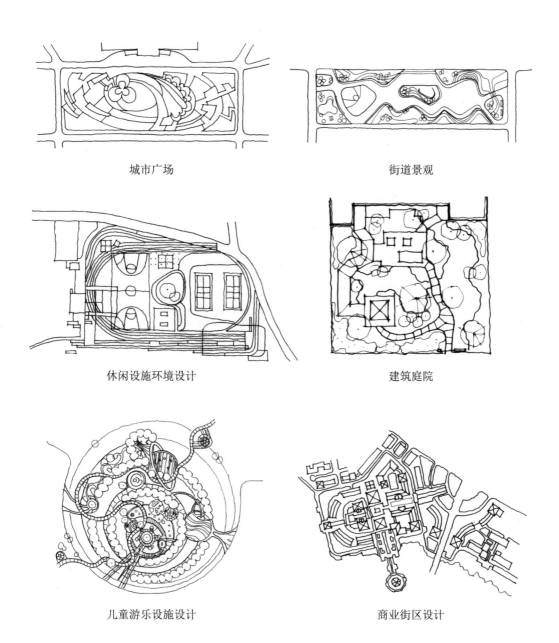

城市广场　　　　　　　　　　　　　　　　　　　街道景观

休闲设施环境设计　　　　　　　　　　　　　　　建筑庭院

儿童游乐设施设计　　　　　　　　　　　　　　　商业街区设计

3）设计层次

　　从空间层次上讲，景观设计可以分为景观规划和局部区域景观设计两个层次。景观规划是从区域的角度、基本特征、属性出发进行的整体布局，以形成特色的空间发展形态和人文活动框架。局部区域景观设计从景观角度对土地使用、空间布局、交通、绿化、设施小品等提出要求。不同层次的景观设计其内容也不相同。

（1）景观规划设计

• 确定景观格局（根据场地环境资源及布局特征，结合城市规划要求的用地布局，建构场地的空间发展形态）

• 提出设计理念（即设计意图和主要观点，考验设计者对空间、功能、技术的组织运用和自身艺术、哲学、社会学等知识的认识）

• 构建景观体系（确定不同景观特征的区域、景观视廊、景观轴线和节点）

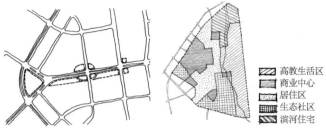

设计范围红线　　　　　　　区域周边用地性质

高教生活区
商业中心
居住区
生态社区
滨河住宅

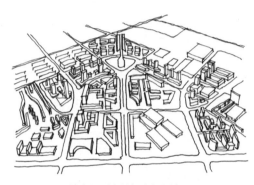

城市规划中的概念规划鸟瞰

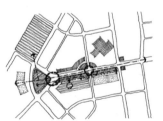
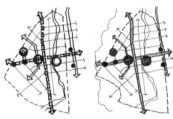
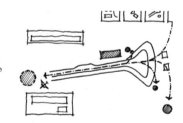

周边用地及关键要素分析　　景观现状可能性分析　　　　设计理念

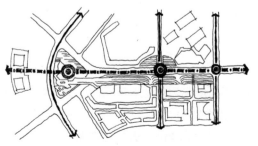
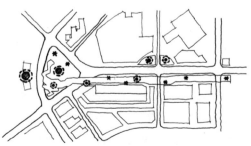

景观轴线及景观体系的构建　　　　景观节点分析

• 创造公共空间（提供物质空间条件，如
游憩、休闲、健身、庆典、集会等交往空间，
形成公共空间系统）

• 设计竖向景观（根据地形条件和景观
特征进行场地竖向设计，确定地势、道路、植
物、水系、构筑物的控制或保护，或竖向空间
布局）

• 建立交通、水系和绿地系统（建立场地
的自然生态系统和交通系统）

• 提出建筑、构筑物、设施基本格调（场
地个性和特色的塑造）

• 展示重要和一般节点的空间形态（为局
部设计提出设计指导）

功能分解

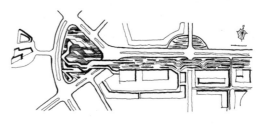

总平面

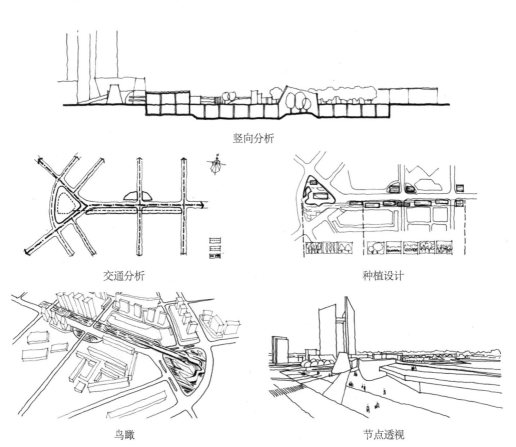

竖向分析

交通分析　　　　　　　　种植设计

鸟瞰　　　　　　　　　节点透视

（2）局部区域景观设计

• 场地环境研究

• 空间设计理念

• 功能分析（功能分配与交通设计）

• 景观要素配置（总平面中呈现）

• 竖向设计

• 环境设施及小品设计

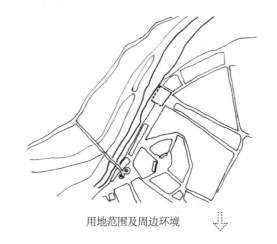

用地范围及周边环境

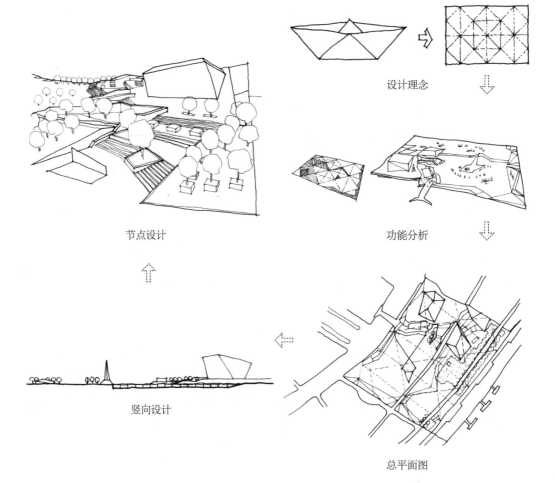

设计理念

功能分析

节点设计

竖向设计

总平面图

2. 特征

　　景观设计具有实践性学科的特点，变革和发展是景观设计自我完善的基本途径，在此进程中，它呈现出与其他学科不同的特征。景观是人的一种内在体验，是人与人、人与自然的关系在空间和时间上的表现，反映人类的美学观和价值观，具有较强的地域性差别和时代性特征，记录不同时期的发展和变化。

1）空间特征

　　景观的空间特征包含两个方面：一方面为空间的表象特征，指场地形状、地形地貌、界面的围合等；另一方面指景观环境的内在结构特征，即景观要素在空间上的排列组合形式、景观单元的类型和空间分布等。

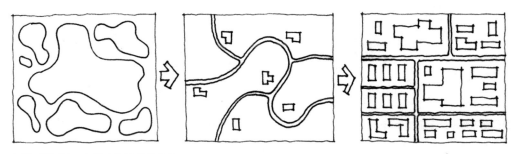

自然环境到人工环境空间结构的演化

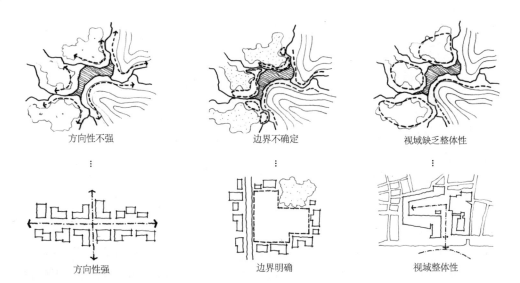

方向性不强　　　　　　　边界不确定　　　　　　　视域缺乏整体性

方向性强　　　　　　　　边界明确　　　　　　　　视域整体性

自然景观空间形态——人工环境空间形态对比示意图

2）时间特征

自然地理环境随时间的推移不断向前发展着，如昼夜交替、季节轮换以及生物生死、物种盛衰等，这种自然过程使景观形态随时间变化呈现出阶段性和轮回性特征，景观中的建筑、植物、空间也随之进行新陈代谢。景观设计关心的是在一段时间内环境的变化，从环境的演变过程来研究环境的构成形态。

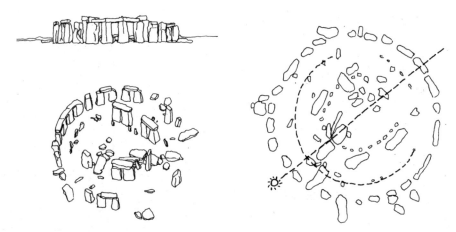

英国巨石阵（公元前2300年） 主轴线通往石柱的古道和夏至日早晨初升的太阳在同一条线上；其中还有两块石头的连线指向冬至日落的方向

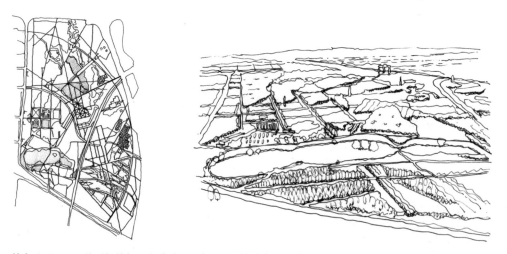

苏塞公园 景观的时间特征是渐进过程，为以后环境的完善和修改留有余地。法国的苏塞公园在设计之初就强调景观的发展变化和延续性，如种植工程的设计考虑时间因素，公园自1981年开始建设，当时种植的小树苗长势良好，形成茂盛的树林景观

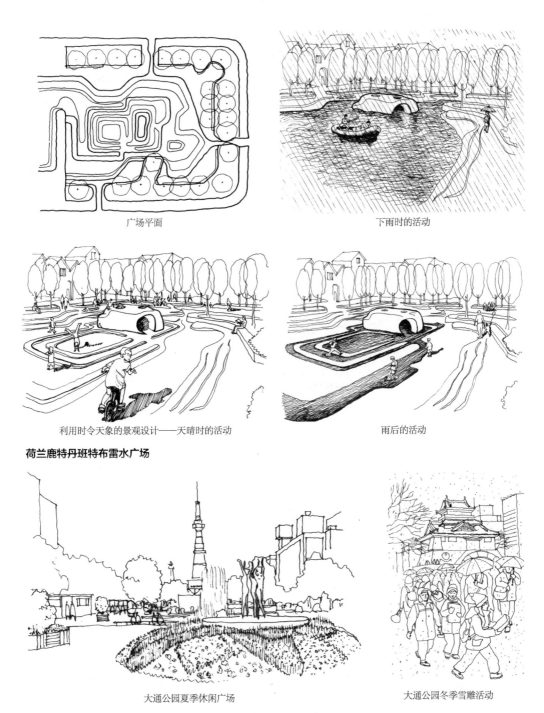

广场平面

下雨时的活动

利用时令天象的景观设计——天晴时的活动

雨后的活动

荷兰鹿特丹班特布雷水广场

大通公园夏季休闲广场

大通公园冬季雪雕活动

日本大通公园 对景观环境既从整体上考虑，又有阶段性的分析。在环境的变化中寻求灵感，将这种变化与人的活动、感受联系起来

3）生态特征

自然界的风景环境由相互作用和影响的生态系统组成，系统之间的物质、能量和信息流动形成了整体的结构、功能、过程以及相互的动态变化规律。而建成环境是由自然生物圈与人类文化圈交织而成的复合生态系统，相对自然环境，物种较为单调，需采取人为干预来保证系统的相对稳定性。

生态系统之间物质、能量的流动与交换

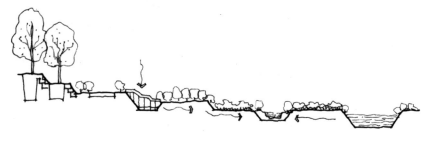

自然生物圈与人类文化圈交织的复合生态系统

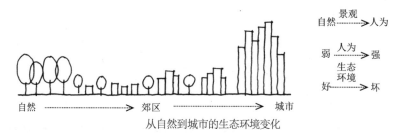

从自然到城市的生态环境变化

最大限度地提高自然及人工资源的利用率，减少对环境的压力，尽可能接近于自然生态系统的生态循环状态

4）人与环境

景观设计的服务对象是空间的使用者，景观设计者必须研究外部空间中人对环境使用的模式及环境变化对这一模式的影响，了解人的行为和心理及他们对空间的反应与评价。

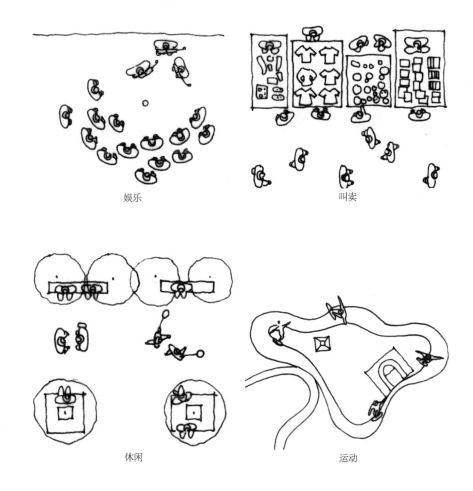

娱乐 叫卖

休闲 运动

设计应衡量人的生理尺度，满足人的感觉——视觉、味觉、听觉、嗅觉和触觉的需求，并考虑受众群体和行为习惯

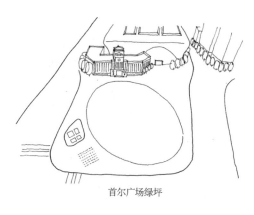

首尔广场绿坪

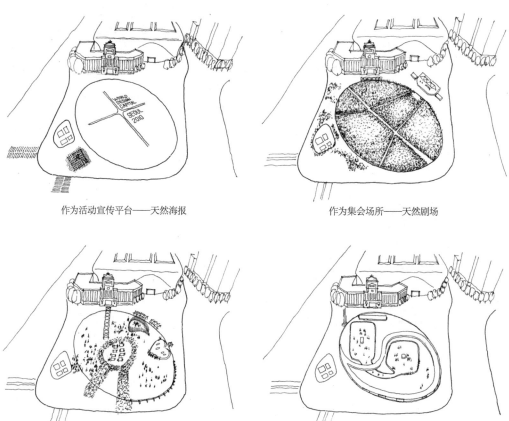

作为活动宣传平台——天然海报

作为集会场所——天然剧场

作为节日庆典的场所

首尔广场冬季市民冰场

首尔广场

人的使用与环境变化相适应，一个空旷的草坪广场根据人的活动需要可以变为宣传平台、庆典集会、季节性活动场所

第二章
景观设计的发展演绎

　　景观设计很早就存在，经历了古典主义的唯美论、工业时代的人本论之后，在后工业时代呈现多元化的理论格局，但景观设计学出现得较晚，自1828年提出，经过了40年时间，才作为专业术语而被应用。最先的景观设计只是一种用来装饰土地和娱乐的园林艺术。18世纪的工业革命使欧洲城市快速扩张，并带来许多环境问题。在这个背景下，园林必须承担新的功能，而"现代主义"运动又对近现代西方园林的发展产生很大影响。19世纪欧美国家相继建设了大量的城市公园，由私人享用扩展为广泛的市民体验。20世纪在不同艺术流派和设计风格的影响下，景观设计也呈现出与传统园林风格截然不同的多样特征，其功能内涵都在不断延伸。

中世纪园林：城堡庭园

勒·柯布西耶 "别墅公寓" 的花园露台（1922年）

一、中外古典园林

1. 中国古典园林

　　本节所列的中国古典园林以清代为主，由于景观受自然、时间、历史文化影响很大，不易保存和流传，所以想要看到更加久远的园林风貌大多是在字画中。中国古典园林的类型大致分为皇家园林、私家园林、寺观园林和风景名胜等。

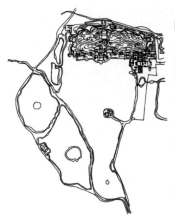

颐和园
皇家园林：规模宏大，着重以形象丰富的建筑与自然环境相结合，庄重、严肃又赏心悦目。类型分为大内御苑、离宫御苑、行宫御苑、坛庙园林、陵寝园林等

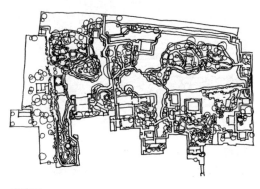

拙政园
私家园林：以宅园为主，园林建筑以观景为目的，注重以自然元素组景，塑造抑扬转合的空间序列。分为楼阁式园林、堂院式园林、斋馆式园林、田舍式园林等

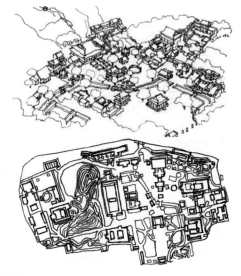

晋祠
寺观园林：指历史名人纪念性祠庙或佛寺、道观园林等

西湖
风景名胜：依托自然地貌，将城市基础设施与自然环境相协调。分为村落景观、名胜古迹和城市水系等

2. 外国古典园林

　　外国古典园林在不同历史时期呈现的风格也不同，分为：旧约时代园林、古埃及园林、古希腊园林、中世纪园林、伊斯兰园林、意大利文艺复兴园林、法国古典主义园林和英国自然风景园林。

伊甸园

旧约时代园林：如《旧约圣经》记载的伊甸园和《新约圣经》记载的所罗门王的庭院

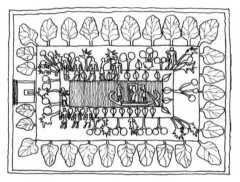

埃及法老宅园

古埃及园林（4世纪之前）：包括埃及园林、美索不达米亚园林、希腊园林和罗马园林

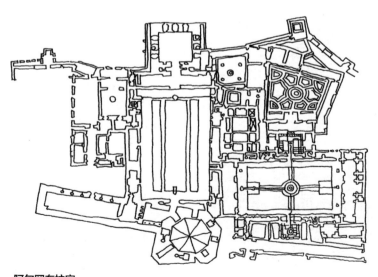

阿尔罕布拉宫

中世纪园林（5~15世纪）：包括西欧园林、伊斯兰园林

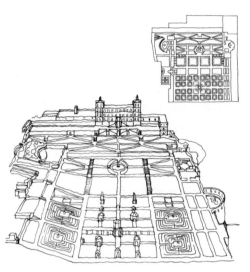

埃斯特庄园

意大利文艺复兴园林（15~17世纪）：此时期园林继承古罗马园林特征，依山坡而建为台地园

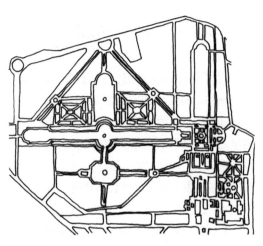

法国索园

法国古典主义园林（17~18世纪）：法国杰出园林设计师勒诺特尔的造园手法保留了文艺复兴时期的一些造园元素，开创了开阔、宏伟的空间格局

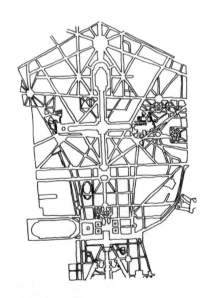

法国凡尔赛宫苑

园内景观元素均以几何图形布局，有统一的主、次轴线和对景

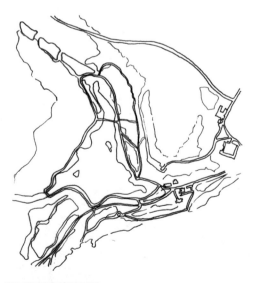

英国斯托海德风景园

英国自然风景园林（17世纪中期~19世纪初期）：展现出自然、开阔的视野，追求自然的种植与水面

二、景观设计的理论发展

1. 景观设计系统观的形成

现代景观设计的概念，是自19世纪下半叶Landscape Architecture一词的出现才逐渐发展而来的。19世纪末20世纪初是现代景观设计理论与方法形成与探索阶段，欧洲早期现代艺术运动促成了景观审美和景观形态的空前变革，而欧美"城市公园运动"则开始了现代景观的科学之路，其中最具代表性的是美国景观学者的研究，代表人物有弗雷德里克·劳·奥姆斯特德、查尔斯·埃利奥特、埃比尼泽·霍华德等，他们提倡大型的城市开放空间系统和对自然景观的保护，发展都市绿地公园系统，致力于提升人民的生活品质，这一观念成为指导景观设计的宗旨。

1）奥姆斯特德与城市公园运动

19世纪中后期，美国景观设计师弗雷德里克·劳·奥姆斯特德提出在城市兴建公园的伟大构想，并规划了美国第一个城市公园——纽约中央公园（1858~1876年），城市公园的产生和发展改变了城市居住模式，是城市中最具代表性的公共空间，标志着城市公众生活景观的到来。此后，景观不再是狭义的私人庭院，第一次成为真正意义上的大众公园。

奥姆斯特德的景观设计奠定了现代景观学科的基础。他创造性地延续英国都铎式的造园思想，在纽约中央公园和布鲁克林的希望公园的规划中，奥姆斯特德提出在保护自然风景的基础上，除对建筑周围的区域进行整理，其余都要避免规整式设计，其自然的湖面、起伏的草地、成片的林木等都模仿英国自然式园林的营造方法。他将公园设计的理论推广到平民的生活中，注重从整个城市的角度出发，利用两侧种植树木的线性通道将公园串联，即"公园道"，以连接公园和周边社区，创造人与环境和谐的开放空间系统。

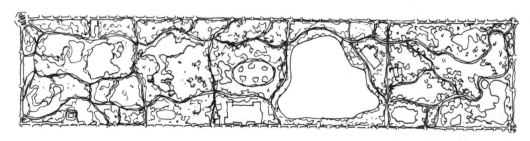

纽约中央公园

都铎风格园林

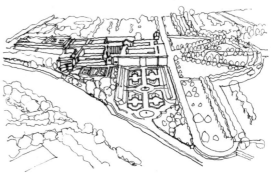

英国汉普顿宫

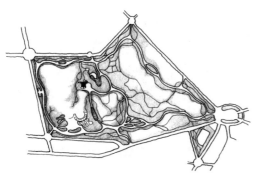

希望公园的规划方案

希望公园中的长条形草地

英国自然式园林

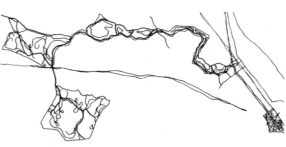

波士顿"翡翠项链"规划

2）霍华德《明日的花园城市》

1898年，英国城市规划师埃比尼泽·霍华德认为：城市的生长应该是有机的，需配置足够的公园和私人园地，城市周围有一圈永久的农田绿地，形成城市和郊区的结合，使城市如同一个有机体平衡地发展。在其田园都市理想计划中，420英尺（128米）宽的林荫大道环绕着中心城市。花园城市的思想建立在城市系统基础之上，不再局限于园林。

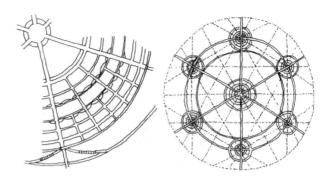

霍华德花园城市

3）埃利奥特保护区与开放空间系统

美国景观设计师查尔斯·埃利奥特发展了"先调查后规划"理论，将景观设计从经验导向科学和系统。他提出"保护区"概念，呼吁对自然景观的保护，将城市的滨水区、废弃的工业区经过规划改造，成为城市开放空间的重要组成部分。

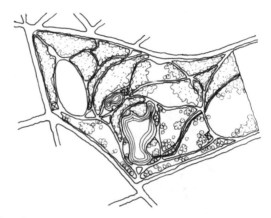

新罕布什尔州康科德怀特公园总体规划 埃利奥特在这个规划里开始形成关于景观保护的哲学基础

2. 现代主义

1）现代主义的探索——工艺美术运动与新艺术运动

工艺美术运动与新艺术运动是19世纪下半叶开始的两场最为重要的艺术运动，它们拉开了现代主义设计运动的序幕。

1928年波士顿大都会开放空间系统规划 规划主张保护岛屿，在人口密集区增加开放空间。埃利奥特被称为"波士顿开放空间系统之父"

工艺美术运动起源于英国，它使园林风格更趋向自然，注重自然植物材料的应用，并将自然式和规则式两种设计方法相结合，崇尚中世纪、哥特时期的艺术风格。但由于艺术家排斥工业革命带来的一切，使园林设计过多仿古。

新艺术运动的景观设计师极力反对历史样式，以自然主义的思想和富有东方情调工艺方式表现艺术，强调装饰效果，追求自然曲线和直线几何形两种形式。

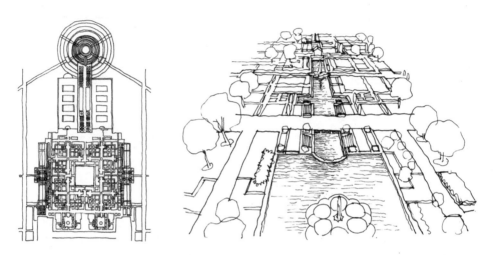

莫卧儿花园 工艺美术运动风格，英国园林师路特恩斯设计

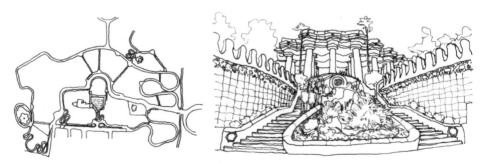

西班牙古埃尔公园 建筑师安东尼奥·高迪设计，新艺术运动风格。虽然平面构图具有古典味道，但建筑、雕塑、色彩、光影与自然环境融为一体

2）现代主义景观设计思想及表现

20世纪30年代末40年代初，受现代艺术和现代建筑思想的影响，爆发了以丹·凯利、艾克勃和罗斯三人为首的"哈佛革命"，提出了现代园林设计的新思想，强调人的需要、自然环境条件以及二者协调的重要性，同时强调功能主义的设计理论，园林景观正式走上现代主义

的道路。当时的先锋设计师关注空间的形式语言，包含对人、环境和技术的理解，抛弃对称、轴线以及新古典主义的景观法则。20世纪的立体主义、抽象主义为景观设计的形式和结构提供了丰富的源泉，表现为抽象概念和联合视点的产生。两次世界大战之间的美国景观设计从20世纪30年代"加州花园"到20世纪50～60年代景观规划设计的发展，都集中表现为"现代主义"倾向的反传统，强调空间和功能的理性设计，自由形式的设计语言在各种规模的景观项目中得以广泛运用。

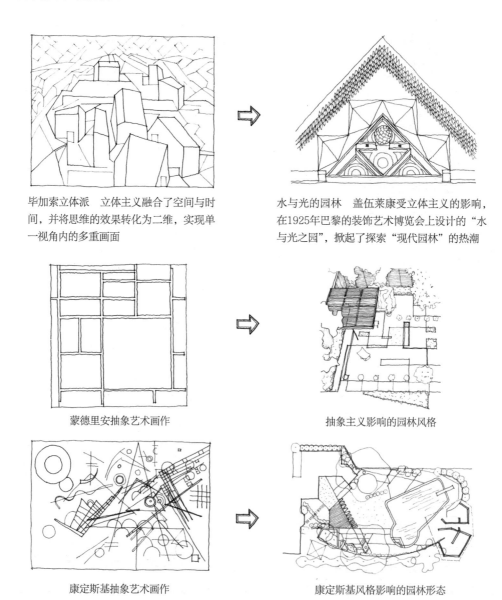

毕加索立体派　立体主义融合了空间与时间，并将思维的效果转化为二维，实现单一视角内的多重画面

水与光的园林　盖伍莱康受立体主义的影响，在1925年巴黎的装饰艺术博览会上设计的"水与光之园"，掀起了探索"现代园林"的热潮

蒙德里安抽象艺术画作

抽象主义影响的园林风格

康定斯基抽象艺术画作

康定斯基风格影响的园林形态

（1）现代主义景观设计拒绝任何历史风格，否定传统静态焦点的空间组织模式，创造流动的空间。

唐纳德：英国景观设计师唐纳德在罗德岛设计的一个园林中运用了抽象艺术和超现实主义手法，具有流动的空间和形式。

盖瑞特·艾克博：美国景观设计师艾克博受密斯建筑作品的影响，以穿插的绿篱划分和组织空间，彼此重复而不相交的绿墙和密斯的流动空间如出一辙，以此强调景观是流动的，是为人们提供体验的场所。

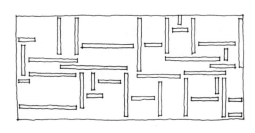

《俄罗斯舞蹈的节奏》1918 荷兰风格派艺术家特奥·凡·杜斯伯格的抽象画作

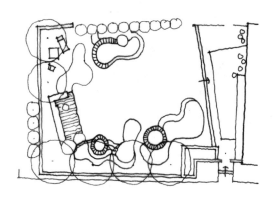

唐纳德设计的罗德岛的园林

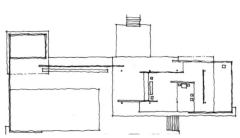

"流动空间"：密斯·凡·德·罗的巴塞罗那德国馆

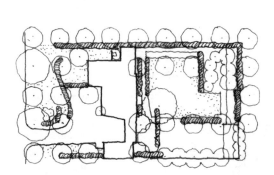

盖瑞特·艾克博受密斯影响设计的门罗公园

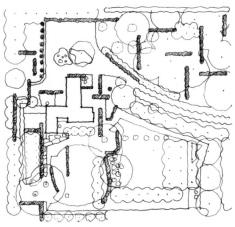

盖瑞特·艾克博受密斯流动空间影响设计的园林

托马斯·丘奇：20世纪40~50年代，美国景观设计师丘奇将立体主义、超现实主义的形式语言结合于景观设计中，形成简洁流动的平面。1948年的唐纳花园，丘奇认为花园每处景观应可以同时从若干个视角来观赏，并且一个花园应该没有起点和终点的限制，景观空间是周而复始的。

丹·凯利：丹·凯利的设计强调景观环境与建筑的有机结合，以建筑秩序作为景观设计的出发点，将建筑空间延伸到周围环境中，并擅长用植物手段来塑造空间，突出整体美。丹·凯利的作品是一种技巧性的平衡，不仅与自然界取得动态联系，还关注景观的细节。

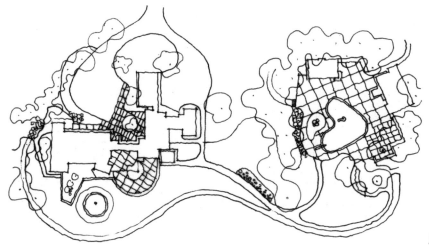

唐纳花园平面图

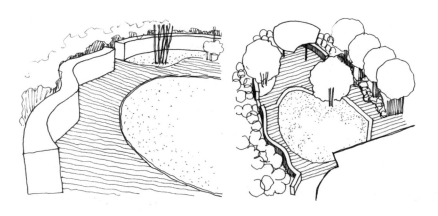

1939年"金门展览"小花园　丘奇将立体主义的视觉形式运用到园林中，利用多重视觉焦点产生无尽的视觉感受

达拉斯联合银行大厦的喷泉广场 在极端商业化的市中心，喷泉广场如同行于森林沼泽中的梦幻世界

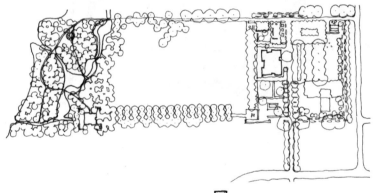

米勒花园（1955年）平面图 采用建构与种植相结合的手法，以花园、草地、林地将平面分为三部分，用树篱、林荫道和墙垣围合花园

在米勒花园庭园与草坪之间是林荫道，亨利·摩尔的雕塑置于道路尽头

（2）景观是为人所体验的，设计的出发点是功能，与人的现实需求相一致。

劳伦斯·哈普林： 理解、记忆与体验大自然景观及过程是哈普林景观设计的特色。通过巨大的水瀑、波涛，粗糙的混凝土墙面与茂密的树林在城市中为人们架起通向自然的桥梁。哈普林以抽象自然的过程、典型景象与模糊界面来实现与建筑环境的融合，并强调广场的参与性。

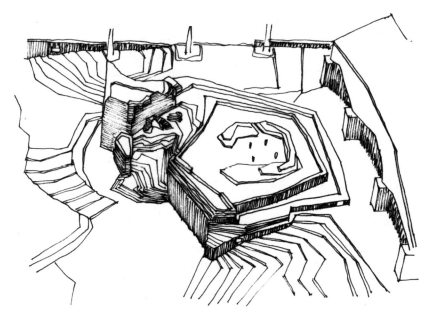

爱悦广场 20世纪60年代，哈普林为波特兰市设计的三个广场之一，整个系列都运用了混凝土块和水，形成了对比，互为衬托

演讲堂前广场平面图　　　　　　　　　　演讲堂前广场透视

伊拉凯勒水景广场

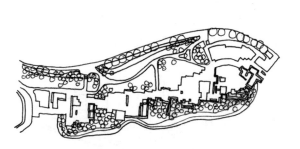

罗斯福纪念公园（1974年） 从设计上摆脱传统模式，尊重人的感受，用岩石和水烘托环境气氛，形成引人参与的开放空间

罗斯福纪念公园局部透视

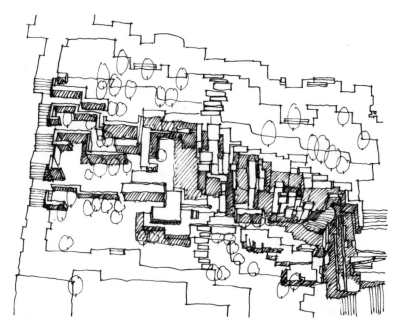

西雅图高速路公园 哈普林认为，如果将自然界的岩石放在都市环境中，可能会变得不自然，在都市尺度及都市人造环境中，应该存在都市本身的造型形式

西雅图高速路公园水景透视

西雅图高速路公园局部透视

佐佐木英夫：认为景观设计是为了给现代建筑与雕塑提供优雅的环境，并倾向于采用人工水面来调节建筑的物理环境。作品流露出理性的执着和动态的和谐观，从城市整体结构到具体使用功能的配置均应有可塑性，从各种生态张力的作用中找到适合的设计手段。

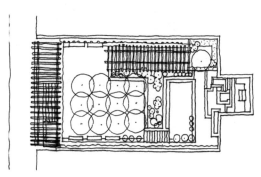

纽约格里纳克公园 运用植物和水景与地形结合，形成了丰富的多层次休闲空间

格里纳克公园的瀑布景观 佐佐木将生态原型　瀑布搬到了城市，让人们在喧闹的城市中感受到大自然的美妙

3. 生态主义与大地艺术

1）生态主义

第二次世界大战后，西方的工业化和城市化发展达到高峰，郊区化导致城市蔓延，环境与生态系统遭到破坏，城市经济发展与环境发展需要保持动态的稳定。生态主义的理论成为20世纪60年代后景观设计的主流，一种基于自然系统自我有机更新能力的再生设计。生态主义景观是以可持续发展作为指导思想，以生态学为原理进行设计的景观，"异质性"和"共生思想"是生态学整体论的基本原则。景观异质性理论指出：景观系统由多种要素构成，如基质、斑块、廊道、动物、植物、生物量、热能、水分、空气、矿质养分等，各种要素在景观系统中是不均匀分布的，由于生物不断进化，能量不断流动，景观永远不会实现同质化，因此要保持在异质性基础上的共生。

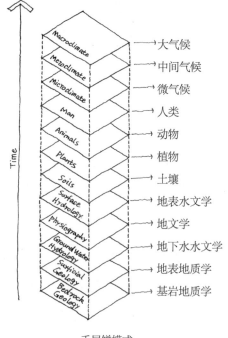

千层饼模式

伊恩·伦诺克斯·麦克哈格与《设计结合自然》（1969年）：提出将景观环境作为一个系统加以研究，其中包括地质、地形、水文、土地利用、植物、野生动物和气候等，这些决定性的环境要素相互联系和作用共同构成环境整体。麦克哈格完善了以环境因子分层分析和地图叠加技术为核心的生态主义规划方法，也称"千层饼模式"。

约翰·O.西蒙兹与《大地景观——环境规划指南》：全面引入生态学观念，把风景园林师的目光引向生态系统，把专业范围扩大到城市和区域环境规划。提出景观要素既有纯粹自然的要素，也有人工要素如建筑构筑物、道路等，规划是一种人性的体验。改善环境不仅仅是纠正由于技术与城市的发展带来的污染及灾害，还应是一个人与自然和谐演进的创造过程。

理查德·哈格改造西雅图煤气厂公园（1975年）：成为世界上第一个以资源回收的方式改建的公园，开创了生态净化工业废弃地的先例，促进泥土里的细菌去消化半个多世纪积累的化学污染物。

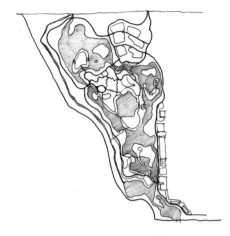

芝加哥植物园　新的水—陆环境的创造：这是由被耗尽资源的田野和被严重污染的排水道组成的，将其改造为地形独特的风景园，说明对挖土坑、环卫填土预先规划、恢复退化土地改造的可能性

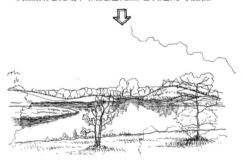

芝加哥植物园的岛屿花园

西雅图煤气厂公园

2）大地艺术

　　大地艺术产生于20世纪60年代，艺术家们企图摆脱商业文化对艺术的侵蚀，以大地为载体，使用大尺度、抽象的形式及原始的自然材料创造和谐境界的艺术实践。早期的大地艺术为艺术而生，将艺术这种非语言表达方式引入景观建筑学中。20世纪80年代以来，大地艺术呈现出理性地与景观环境相结合，通过象征、隐喻、联想的方式表现场地的秩序。大地艺术作品追求四维的过程体验，视环境为一个整体，展现空间与场所，强调人的场所体验。

　　为艺术的大地艺术——侧重对"图案"的表现

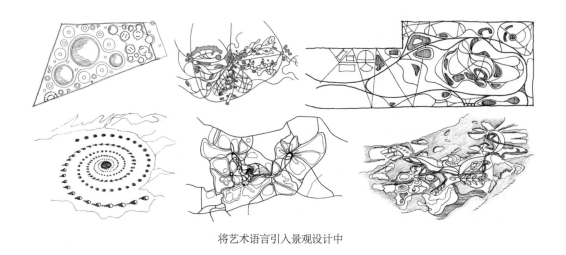

将艺术语言引入景观设计中

　　为景观的大地艺术——侧重对"图案"的体验

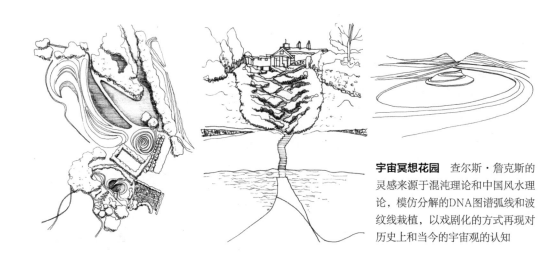

宇宙冥想花园　查尔斯·詹克斯的灵感来源于混沌理论和中国风水理论，模仿分解的DNA图谱弧线和波纹线栽植，以戏剧化的方式再现对历史上和当今的宇宙观的认知

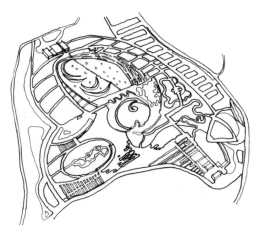

澳大利亚澳洲花园（2012年） 融和了园艺、建筑、生态、艺术，让人体会大自然的轮回

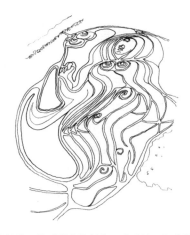

英国诺森伯兰郡的"北方女神" 由矿渣、泥土堆积的波状山丘和山谷组成，以艺术景观作为恢复环境的措施

华盛顿越南阵亡将士纪念碑 "V"字形黑色花岗岩石长墙上刻着阵亡将士的名字，镜子般的效果反射周围环境和参观者，"V"字墙两边分别指向华盛顿纪念碑和林肯纪念堂，将纪念意义带入历史中

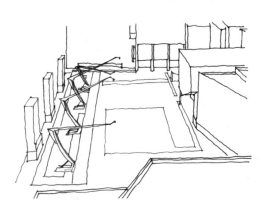

鹿特丹剧院广场 安德烈·高伊策将景观作为一个动态变化的系统，虚空的广场具有灵活的功能，4个红色灯柱每隔一段时间改变一次形状，成为广场的动态雕塑，伴随时空交替，广场的景观也随之改变

4. 多元共生格局

1）后现代主义

20世纪六七十年代，人们开始反思现代主义过分强调理性主义、机能主义的设计，向现代主义提出挑战。后现代景观是以反对现代主义的纯粹性、功能性和无装饰性为目的，以历史的折中主义、戏谑性的符号和大众化的装饰风格为主要特征的景观设计理论。后现代宣扬多元化思想，受到现代主义、后现代主义、文脉主义、极简主义、波普艺术的浸染，景观设计不再拘泥于传统的形式和风格，提倡设计平面与空间组织的多变、形式的简洁、线条的明快，以及设计手法的丰富性。

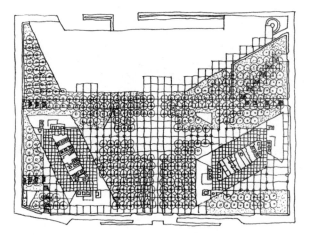

达拉斯喷泉广场（1986年） 现代主义风格，广场由两套5m×5m的网格重叠而成，网格交点布置树池和喷泉

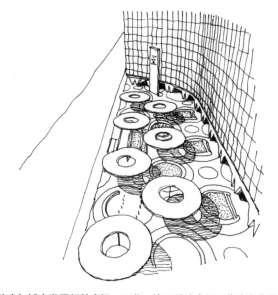

美国住房与城市发展部前广场 玛莎·施瓦兹认为景观作为文化的人工制品，应该用现代的材料建造，她推崇波普艺术，以戏谑代替严肃，复杂代替简单

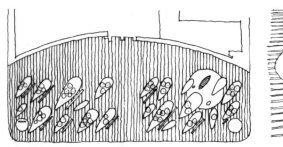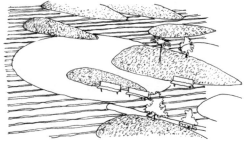

明尼阿波利斯市联邦法院广场　玛莎·施瓦兹采用暗喻的设计手法，将明尼阿波利斯的自然和历史进行要素提取，如土丘和原木，唤起人们的地方记忆

后现代主义景观设计理念

- 景观作为表达意义的载体，向人们传达意义和信息

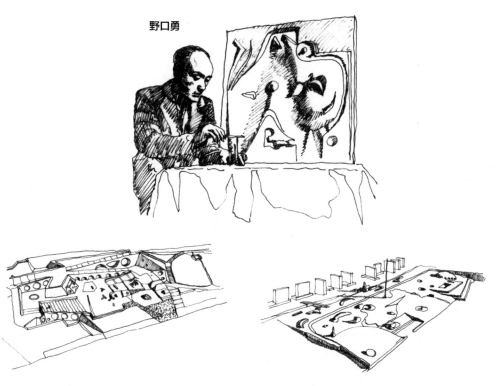

野口勇

日裔美籍雕塑家野口勇的园林设计作品探索了园林与雕塑结合的可能性，发展了园林设计的形式语汇

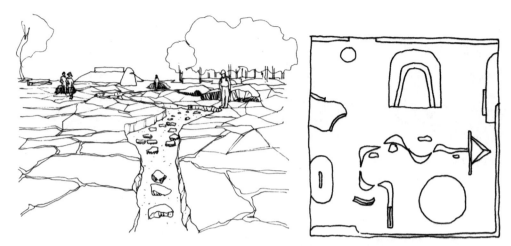

加州剧本 野口勇采用雕塑手法，以石块、小溪、红杉等元素以示加州的农业文明和海岸风光，设计将东方的空间美学融入西方的现代理性中

耶鲁大学贝尼克珍藏书图书馆的下沉式大理石庭院 野口勇用立方体、金字塔和圆环分别象征着机遇、地球和太阳，几何形体和地面全部采用与建筑外墙一致的磨光白色大理石，整个庭院成为一个统一的雕塑，充满神秘的超现实主义气氛

唐纳喷泉 美国景观设计师彼德·沃克的作品带有强烈的极简主义色彩，哈佛大学校园内的唐纳喷泉由159块巨石组成圆形石阵，石阵的中央是一座雾喷泉，喷泉会随着季节和时间而变化。这个空间是开放式的，供人们在此阅读、跳跃、交谈、冥想等

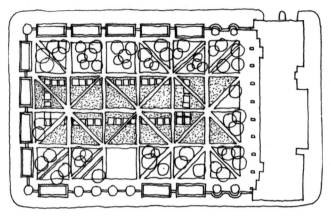

伯纳特公园（1983年） 彼德·沃克用理性的方格网奠定景观的格局，把传统的设计要素纳入格网的秩序中，再用加法设计方格网的重叠和扭转，运用现代材料和极简形式表现"都市自然"风貌

- 景观作为表达历史文化的符号，通过历史符号的运用得到文化认同，体现对人的精神关怀

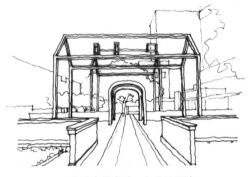

富兰克林庭院 文丘里设计

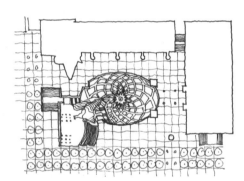

日本筑波文化广场 矶崎新采用历史空间的形式或结构片段，使原来的传统语言和时间再现

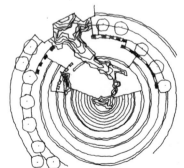

新奥尔良意大利广场 查尔斯·穆尔通过暗喻的手法对历史符号进行移植和拼贴，形成了多元性的广场，它隐喻着意大利移民与这个岛的文脉关系

- 景观作为表达大众文化的符号，主要采用大众的、通俗的、消费性的符号来传达信息

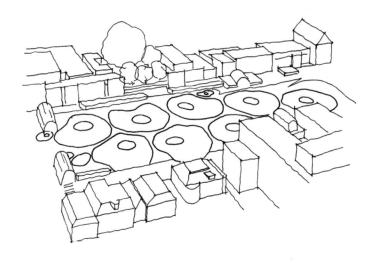

煎蛋广场（荷兰利瓦顿） 大地艺术与波普艺术的结合，以写实手法塑造世俗性的文化景观

美国明尼阿波利斯雕塑花园的汤匙桥和樱桃 采用具象的符号直接表达景观的意义

拉斯维加斯城市景观 对历史符号进行拼贴，具有浓郁的商业气息

2）解构主义景观设计

解构主义从"结构主义"中演化出来，实质上是对结构主义的破坏和分解。解构主义景观是解构主义哲学思想在景观艺术领域的实践，表现出与传统景观相矛盾冲突的外在形态，其实是对景观发展空间的思考。解构主义景观设计可以概括为空间设计的分解处理和重新构成，运用扭转、穿插、错位、叠合、破裂等构成方法进行景观造型或规划上的重组，崇尚空间多系统的运动变化。

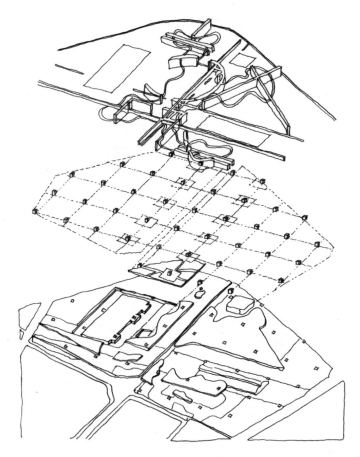

拉维莱特公园　伯纳德·屈米把公园的要素通过点、线、面来分解，各自组成完整的系统，然后以新的方式叠加，相互之间没有明显的关系，并形成强烈的交叉与冲突，通过碰撞中的文化分解，建立起新时代的景观文化体系

3）批判的地域主义景观设计

批判的地域主义对全球化和地域文化持有一种开放和批判的态度，强调一种基于场所和体验的设计。在空间上，否定静止的、封闭的地域概念；在时间上采取动态发展的观念；在设计方法上，批判的地域主义具有综合性，可以采用多种多样的方法与途径，涉及设计思想、设计语言、结构、形式、空间、意义、材料和基地环境等，只要在设计的共性中表达出一些地域特征的设计方法都属于批判的地域主义。

- **芒福德的地域主义思想**

拒绝绝对的历史主义，地域主义不是抄袭本地原有的构造和营建形式，而是要反映该地区文化的目前状况，并关注生态和可持续问题，不反对先进的机器对当地功能的优化，地域主义社会是多元文化的，并不单指如血缘联系的单一文化，地域主义应该和全球化建立一种平衡。

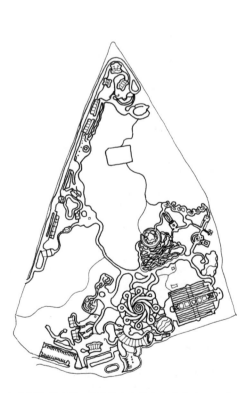

印度新德里公园　结合地方宗教与文化的公园设计

苏州博物馆新馆　在景观设计上，贝聿铭提炼苏州园林符号结合功能与当代艺术审美进行设计

- 路易斯·巴拉干

墨西哥景观设计师巴拉干理性地继承和发展了现代主义，并将其与地域主义结合起来，把视觉的、精神的设计语言纳入到现代主义简洁的体系中。

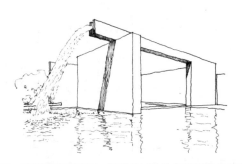 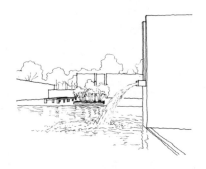

圣·克里斯特博马厩 运用地域性的色彩语言并反映当地的生活模式，赋予庭院文化价值

Los Clubs景观 马术运动场所的外部空间，是巴拉干对童年时喷泉和高架输水渠的回忆，是水声与马蹄声、光影与水影的组曲

- 佐佐木叶二

景观设计是传统与现代相结合的人性化设计。他采用网格进行布局，构成式的抽象形式设计，体现了日本传统风格的清淡、典雅、含蓄。

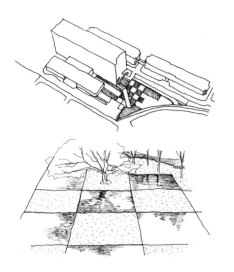 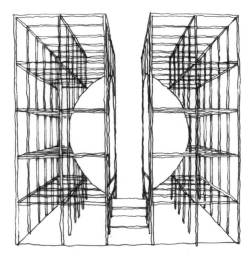

NTT武藏野研究中心 运用现代手法解释传统的和氏空间，通过把水面和草坪配置成相间的方格形式，强调水平面与从高层建筑的俯瞰相对应的立体美感

猿猴川艺术步道的景观小品

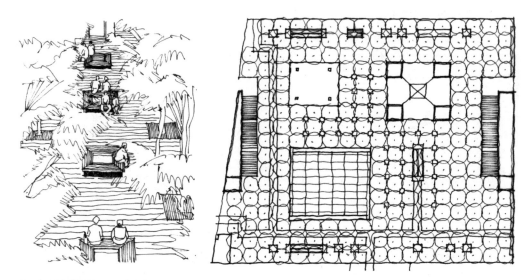

琦玉新都心榉树广场 建在市中心铁路车场遗址上，以"空中森林"为概念，在网格上设计了喷泉、跌水、树池景观，在城市中心创造一片以榉树为主的自然植物景观

第三章

景观设计要素

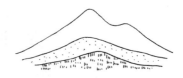

　　景观要素是构建景观空间的基本语言，有的来源于自然，是大自然赐予我们的宝物，如山川河流、自然材料和植物；有的是人工制造，如合成材料、人工喷水和构筑物等。我们在创造景观时需要利用这些要素组织空间，表现空间层次、体现景观序列，解决空间功能和工程技术问题，为人们创造宜居环境的同时，也保护自然生态景观。

　　一个景观设计的好坏不仅要看空间结构，也要看景观要素的组织、排布和细部设计。地形上下波动、跌宕起伏，基于严谨地形分析的场地规划给人以尊重大地的感受；园路设计体现了空间格局和功能分布，考验设计者对场地规模的控制能力，好的园路设计基于对人行走习惯的分析和对功能的有效组织，以及对景点节奏的控制；铺装设计不仅使人们行走舒适、安全，它可以含蓄地解决景观边界问题，表现地域气息，又可以张扬地安排空间序列，与其他景观要素有机地结合起来构建空间；植物的魅力在于它的生命特征，植物造景发挥了植物的形体、线条、色彩等自然美；水景不仅是风景，赋予场地灵动性、宜人性和游憩价值，也有工程作用以及生态调节、形成微气候的作用；景观建筑与设施的种类很多，设计是否体现对自然的敬意、对游人的关怀在于对其创意和设置，它们可以提升环境品质又创造了人与景物的亲密感。

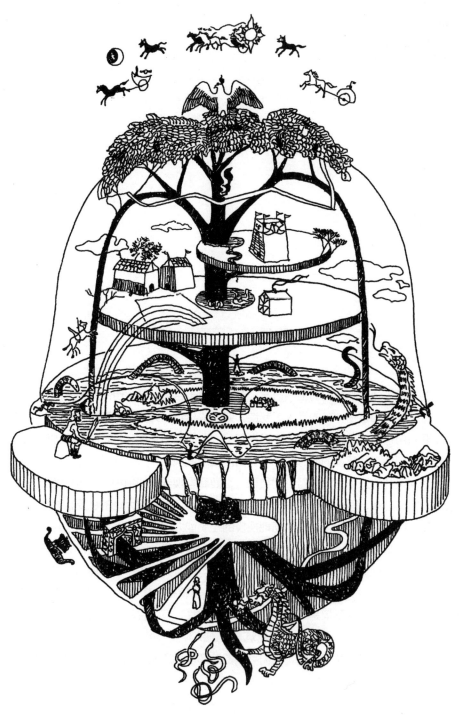

摹自北欧神话"世界树" 包含了土地、山川、水、植物、建筑、人和动物等构成景观世界的要素

一、地形

　　地形是外部环境的地表因素，地形研究是将一个区域的地表自然特征在总图中准确展现出来的艺术。不同的地形形态构成不同的空间景象，如大面积草场构成的水平界面，陡峭山崖构成的垂直界面，起伏的坡地构成的斜向界面等，均展示了地形的空间塑造功能。

　　地形在景观设计中具有构建景观基本骨架、分隔空间、造景、提供观景点及工程技术等方面的作用。地形可为景观工程建设如给水排水、绿化、建筑等创造条件，合理组织排水、提供各种绿化植被的栽植条件、有效组织土方调配等。

　　建立三维模型或用泥塑、卡纸、泡沫板制作模型，可以获得更为直观的地形图像，便于认识和理解地形从而更好地塑造空间。

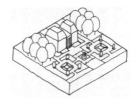

在平地上的法国文艺复兴花园

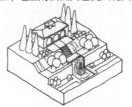

意大利文艺复兴台地花园

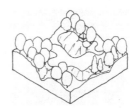

18世纪英国风景园林

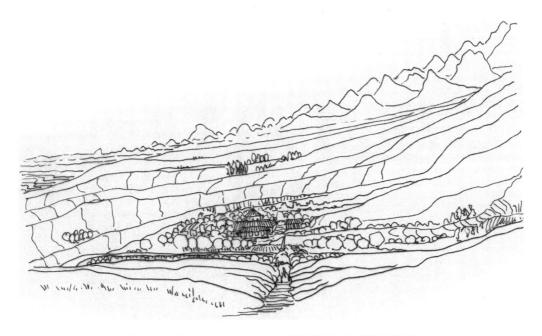

摹自J.R.R.托尔金（J.R.R.Tolkien）《霍比特人》之"骑马下幽谷"

1. 地形分类与常用地形坡度

1）地形分类

　　地表起伏千变万化，为了对地形的几何形状及边界特征有较为精确的描述，我们需要对地形进行分类，把握它的基本性和直观性。

　　地形按坡度大小可分为平地、缓坡地、中坡地、陡坡地、急坡地、悬坡地等类型，在景观工程设计中，对不同类型地形的利用其方式也不同。

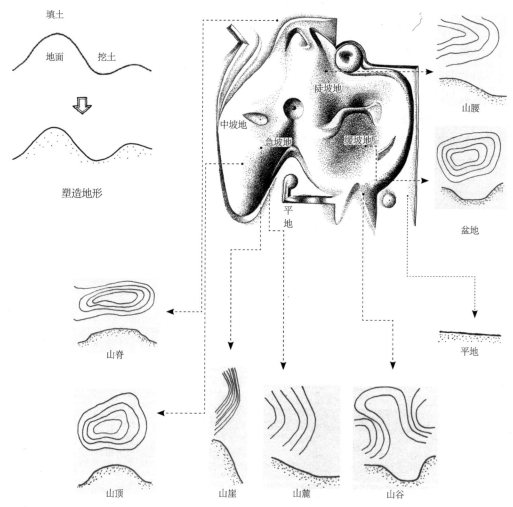

以景观设计师野口勇的雕塑作品说明地形分类

2）常用地形坡度

在景观设计及工程设计中，对竖向空间的不同利用方式决定不同的地形坡度取值，所以对待场地要清楚它最理想的用途。

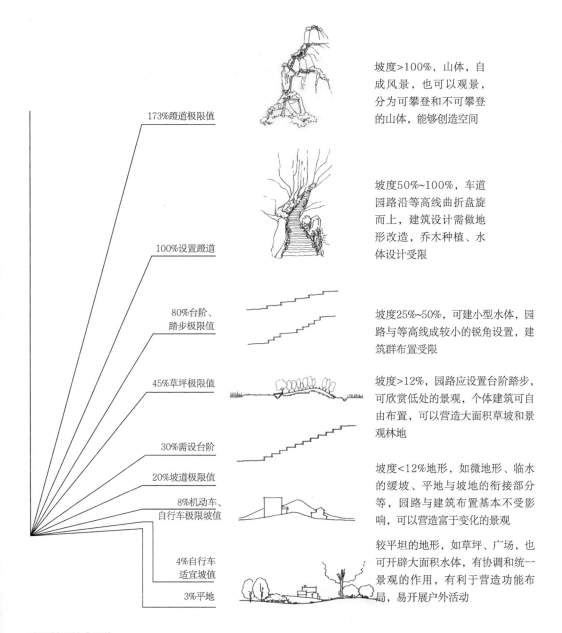

坡度>100%，山体，自成风景，也可以观景，分为可攀登和不可攀登的山体，能够创造空间

坡度50%~100%，车道园路沿等高线曲折盘旋而上，建筑设计需做地形改造，乔木种植、水体设计受限

坡度25%~50%，可建小型水体，园路与等高线成较小的锐角设置，建筑群布置受限

坡度>12%，园路应设置台阶踏步，可欣赏低处的景观，个体建筑可自由布置，可以营造大面积草坡和景观林地

坡度<12%地形，如微地形、临水的缓坡、平地与坡地的衔接部分等，园路与建筑布置基本不受影响，可以营造富于变化的景观

较平坦的地形，如草坪、广场，也可开辟大面积水体，有协调和统一景观的作用，有利于营造功能布局，易开展户外活动

173%蹬道极限值

100%设置蹬道

80%台阶、踏步极限值

45%草坪极限值

30%需设台阶

20%坡道极限值

8%机动车、自行车极限坡值

4%自行车适宜坡值

3%平地

常用地形坡度取值

2. 地形的表达方式

在景观工程中，地形的表达方式包括等高线法、坡级法、分布法、高程标注法和剖立面法等。

等高线：将地面上高程相等的点连成曲线获得，是表现地表形态的基本图示方法。曲线上的数字表示高程，等高线是一些高程相同的曲线。

坡度：指地表任意两点间连线的倾斜度。在工程设计中，坡度常用百分比来表示。

$$\frac{地表两点的垂直距离}{水平距离} \times 100\% = 坡度（\%）$$

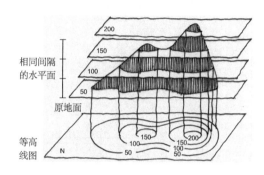

从水平方向切地形，在平面上形成的线即为等高线，等高线显示地形的轮廓，利用等高线就可以把地面以图形化描述

可以把等高线看做高原的边缘线，在我们生活中能看到沿等高线种植的梯田、设置阶梯座椅的圆形露天剧场等

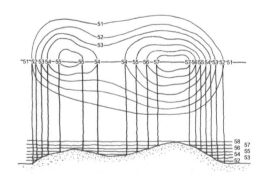

地形剖断面轮廓是由等高线图与剖切线相交而成。从等高线排列的疏密程度，可以判断地形的坡度大小；从等高线分布的围合或开闭的情况，可以确定地形的形态特征

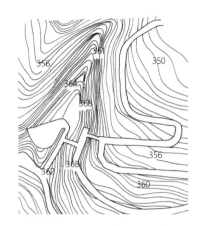

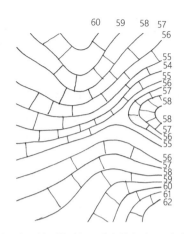

等高线法 以某参照水平面为依据，用等距离水平面切割地形后获得交线的水平投影图来表示地形的方法

坡级法 表示地形的陡缓、分布的方法，是与等高线相垂直的互不相连的短线，其粗细、排布密度对于描绘坡度较为有效，常用于分析基地现状和坡度

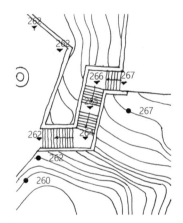

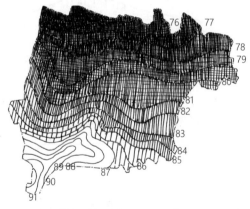

高程标注法 用于标注构筑物转角、墙体、台阶、坡面的顶面和底面高程

分布法（色彩与明暗表示） 根据平距范围确定不同坡度范围内的坡面，用单色或复色渲染来表示

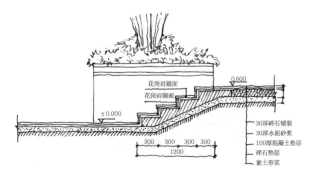

剖立面法 清晰、精确地表达竖向关系、细部做法等

3. 地形的功能作用

1）美学功能

　　地形对景观空间的韵律和美学特征有直接的影响。不同的地形产生不同的景观特征，使场地得以识别。地形作为其他设计元素组织和功能布局的基础，是最明显的视觉要素，具有相互成为背景的可能，有时作为景观构筑物的屏障，控制着景观视线。

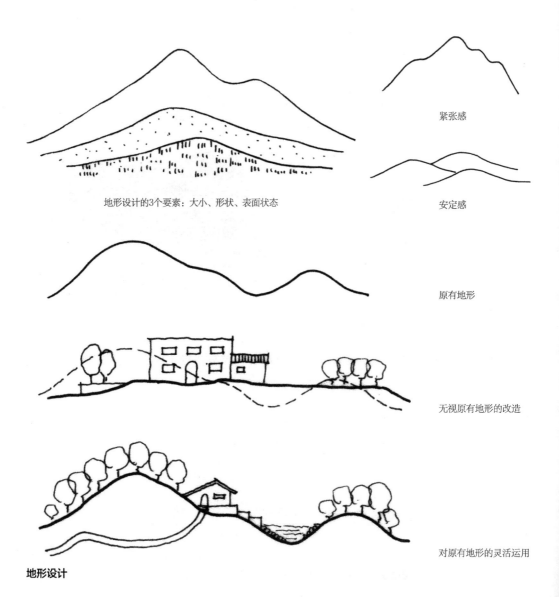

地形设计的3个要素：大小、形状、表面状态

紧张感

安定感

原有地形

无视原有地形的改造

对原有地形的灵活运用

地形设计

2）景观的构成骨架

设计方案是在原有地形图上开始的，对地形进行利用、调整和改造。地形连接景观空间中的所有要素，水体、建筑、植物、设施等以地形为依托，形成丰富的节奏。

法尔奈斯庄园 意大利台地园所依附的地形有利于建造动态水景，形成丰富的水景序列，树林种植呈现的林冠线变化和雕塑设置又强化了地形变化，形成具有感染力的景观

3）分隔空间与造景

地形具有限定空间和分隔空间的作用。我们可以利用原有地形配合其他景观元素进行协调设计来形成丰富的空间体验；或者对原有地形进行挖方、填方，以形成凹地形、凸地形，塑造不同尺度的底面范围；或改变斜坡的坡度，改善空间轮廓线等，通过工程设计落实空间设计理念，形成更加合理的布局和最佳的景观视野。

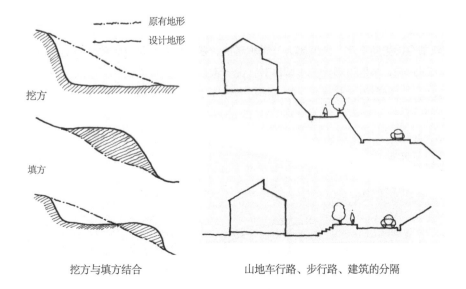

挖方与填方结合　　　　　山地车行路、步行路、建筑的分隔

4）控制视线

地形在营造背景的同时可为游人提供观景空间，地形的起伏创造了不同的观景视线，也影响着空间视野和视域。不同的地形可在水平方向上创造环视、半环视、夹视等观景序列，也可在竖向上创造俯瞰、平视、仰视等观景角度。设计中要考虑所塑造的地形在某些方位能观赏到什么景物、又可以遮挡什么样的不利因素，使景观呈现流动的、连续的美景序列。

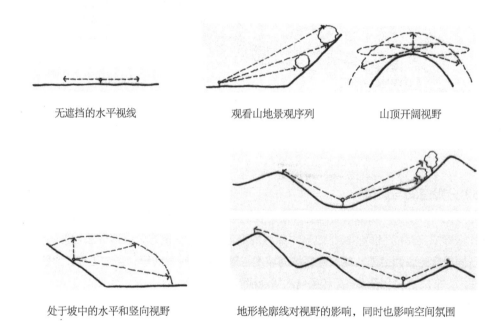

无遮挡的水平视线   观看山地景观序列   山顶开阔视野

处于坡中的水平和竖向视野   地形轮廓线对视野的影响，同时也影响空间氛围

5）利用地形排水

水总是沿山势向下流，坡度越大，排水越快，在凹地处，水就会停止流动，调节地表排水和引导水流方向，是地形设计的重要环节。设计者在进行现场调研和查看地形图时，需察看地表水的流向，并通过修改等高线、改造地形使场地排水得以顺畅。

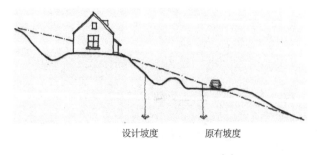

设计坡度   原有坡度

创造合适的平坦区域，提供排水，形成合理的道路系统，同时也保护和形成肥沃的土壤

6）利用地形创作小气候条件

地形的正确使用可充分利用日照、风向、降雨，为场地塑造良好的小气候。如利用南向地势可形成充分的采光聚热效果，使各种室内外空间在一年中的大部分时间里都能保持温和宜人的状态；地形也可用来阻挡冬季寒流和夏季风。

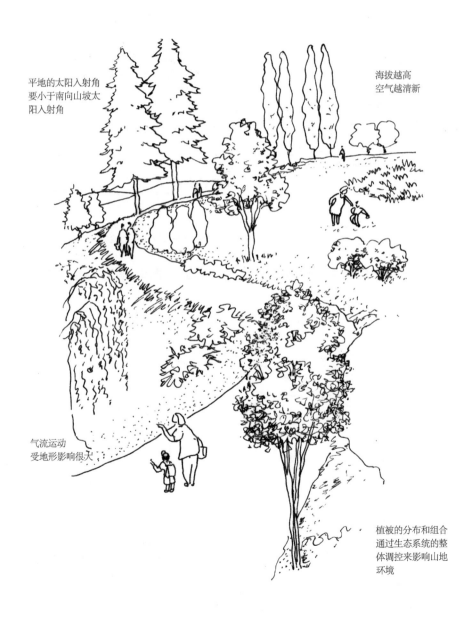

平地的太阳入射角
要小于南向山坡太
阳入射角

海拔越高
空气越清新

气流运动
受地形影响很大

植被的分布和组合
通过生态系统的整
体调控来影响山地
环境

7）地形的使用功能

坡度越平缓，土地的开发使用越灵活可行，便于开展活动如山地运动、林中漫步、草坪游憩等；与道路和建筑结合越容易创造良好的景观视线和观景体验；坡度越大，对现行可行的土地利用的限制就越多。

- **道路与山体坡度**

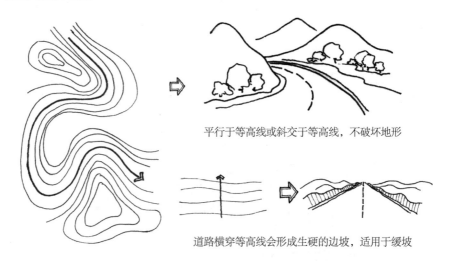

平行于等高线或斜交于等高线，不破坏地形

道路横穿等高线会形成生硬的边坡，适用于缓坡

随着地形坡度增加，行走会越发困难，为了减少道路的陡峭，道路一般斜向等高线设置，行走时间也会延长

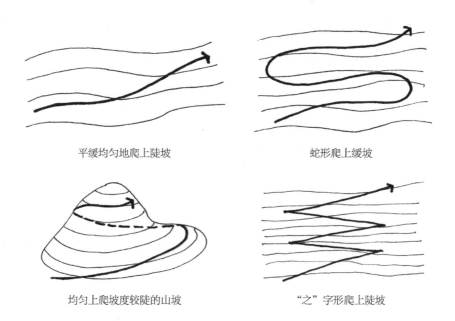

平缓均匀地爬上陡坡　　　　　　　　　蛇形爬上缓坡

均匀上爬坡度较陡的山坡　　　　　　　"之"字形爬上陡坡

- **地形与建筑**

　　山地地形为建筑提供了良好的视野和日照，不同山位对建筑形态的影响也不同，如在山地的底部或顶部，建筑沿水平方向延伸的可能性较大，在山坡处，建筑向垂直方向发展的可能性较大，有时，水平和竖向都要拓展，但位于山体顶部时，对建筑体量和尺度的设计就要谨慎考虑，以防破坏山体轮廓线，导致整体风貌不佳。总之，建筑与山地地形结合要寻求和谐关系，注意对自然肌理的利用和保护。

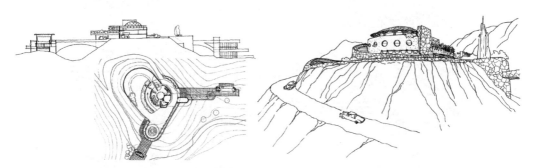

弗兰克·劳埃德·赖特　亚利桑那州天堂谷丹尼尔丁．多纳霍夫人住宅，1959

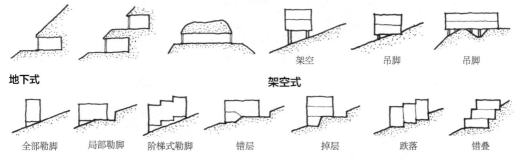

山地建筑的接地形态：不同的接地形态决定了建筑对地形的改动程度和其本身的结构形式，对山地、坡地生态环境的保护和建筑形态都具有重要意义

二、园路

　　园路是指景观设计中所有道路的总称，是景观的骨架，场地的组成部分和脉络。园路起着组织空间和交通、引导游览的作用，并提供休闲和散步的场地，将景观各个节点联系为整体。尊重自然、逻辑严谨、主次分明、丰富多样的园路设计不仅使场地整体规划布局符合功能要求，更能与环境相协调、提升环境品质和创造生活体验。

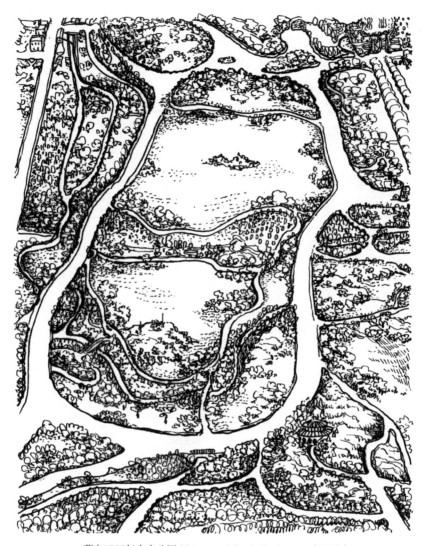

摹自1863年中央公园 Lithograph by J. Bachmann（P568）

1. 人的步行行为与园路

如果我们观察人们从同一起点到同一目标点自然而然步行留下的足迹，就会发现这条足迹线是具有一定曲率的圆曲线，像一条流淌的小河，这是由于人体构造的机械性特点与人的行走意志相互作用。人在不断地修正轨迹的情况下出现了曲线行走轨迹；在路径交叉点，路面会自然变宽，这是人们追求最短路线的结果。

- 人的步行行为

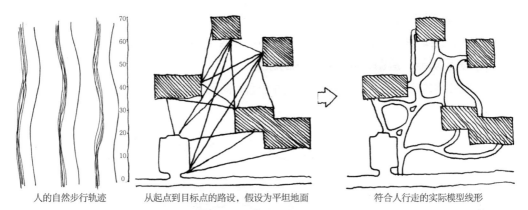

| 人的自然步行轨迹 | 从起点到目标点的路设，假设为平坦地面 | 符合人行走的实际模型线形 |

步行路线形创意作业（K. W. Todd: Site, Space, and Structure, Van Nostrand Reinhold Co. ,N. Y. , 1985：86-87）：研究最与人类步行行为相契合的线形

街区休闲步道，将休闲路设计成曲线，舒解人们笔直前行的紧张感

- 园路交叉口

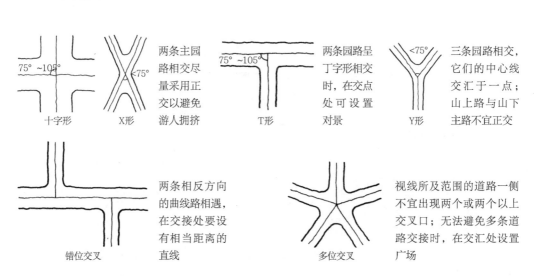

| 十字形 | X形 | 两条主园路相交尽量采用正交以避免游人拥挤 | T形 | 两条园路呈丁字形相交时，在交点处可设置对景 | Y形 | 三条园路相交，它们的中心线交汇于一点；山上路与山下主路不宜正交 |

| 错位交叉 | 两条相反方向的曲线路相遇，在交接处要设有相当距离的直线 | 多位交叉 | 视线所及范围的道路一侧不宜出现两个或两个以上交叉口；无法避免多条道路交接时，在交汇处设置广场 |

2. 园路设计原则

1）因地制宜的原则

园路需结合地形地貌设计，随势就形；充分考虑地下水位、管线、现状植被等因素。

2）满足功能，遵循以人行走为先的原则

园路设计需依照人的行走习惯和心理需求设置，满足设计要求和相应技术指标。

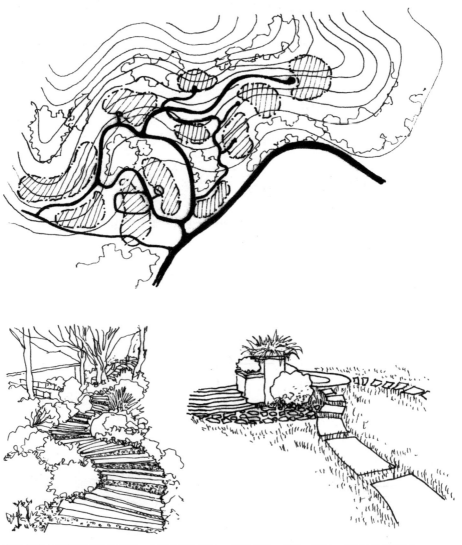

充分考虑人的行走习惯和心理，尤其小路的设置，满足易达、趣味、清洁、脚感舒适等需求

3）环绕性原则

主园路需形成环路网络，主次路层级分明，因景设路，不可设无目的的断头路。

4）结合造景进行布局的原则

园路需与其他景观要素相协调，并创作出节奏和意境来，即因路通景。

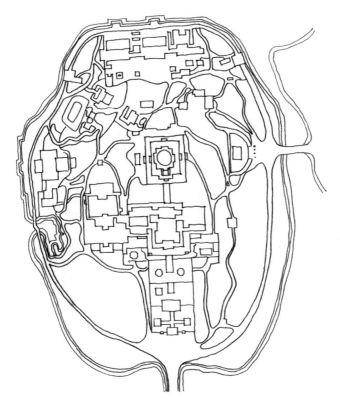

北海琼华岛园路，"莫妙于迂回曲折"，中国古典园林中的园路顺应自然环境和地势，灵活布置

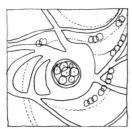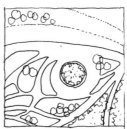

某花海公园的四组景观节点设计，将节点广场、休憩设施与游览路径有机自如地结合起来，融入到整体图案设计中

3. 园路的功能

园路规划决定了场地的整体布局，将各个景区、景点连接起来，通过设计理念有层次、有节奏地开展，将游人引导至景点入口和最佳观景位置。园路与周围的环境、建筑紧密结合，形成因景设路、因路得景的效果，丰富景致，给人以美的享受。

功能		表现形式
组织交通	与城市道路相连，集散、疏通园区内人流和车流（对人们的集散、绿化养护、建筑维修和管理等运输工作；对安全、防火、餐厅、售卖的园务工作和运输）	
组织空间	组织景观空间序列，又起到分景的作用。与周围环境中的山水、建筑、植物等景物紧密结合，使园路可行可游	
引导路线	引导人们按照设计规划意图游览景物，达至各个景观节点、景区、从而形成游赏路线	
工程作用	许多水电管网结合园路进行铺设，因此园路设计应结合给排水管线、供电线路的设计综合考虑	排水管线、供电线路

4. 园路类型

在景观设计中，按其性质、功能将道路分为以下3种。

类型	内容	宽度（m）	断面构造
主园路	全园的骨架和环路，从园区入口通向各主要景区中心、广场、建筑、景点、管理区，大量游客和车辆通行的道路，道路两旁应设充分绿化；需满足通行、生产、救助、消防等需求	4~6	混凝土面层 砂石 素土夯实
次园路	主园路的辅助道路，形成分景区内部骨架，联系各建筑及景观节点	2~4	自然石 透水混凝土 碎石 素土夯实
游步道	园路系统的末梢，供游人散步、休憩，引导游人深入园区各处，自由布置，形式多样（如山林、水岸多自由曲折布置），最能体现路径、铺装材质艺术性的部分	0.9~2	自然石 透水混凝土 碎石 素土夯实

三、铺装

很多地方自古就有道路铺装，铺装的印迹也记录和诉说着一代代人们的生活。现代，随着汽车的普及，便于汽车通行和人行的道路铺装迅速发展起来。近年来，人们更加重视如何构建汽车和行人共存的社区道路和绿道，这使得铺装的意义更加深远。

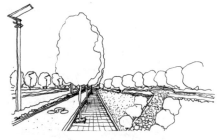

道路空间设计的理念逐渐从以汽车为本位回归以人为本位上来

如今的铺装课题，不仅局限于它的安全与功用，更要求塑造出富有创意和人情味的空间，丰富人的体验。在铺装的实施过程中提倡采用生态环保材料和施工方式。

摹自Albert Laprade（1883—1978）Design for a patio in I'esprit moderne.1925

1. 按材料分类

1）古典要素

中国古典园林中的园路铺装讲求自然多样，其中主园路至室外庭院比较平坦、开阔，常以砖铺地；园内小径铺装则以砖、瓦、卵石相结合搭配，组成图案精美的地纹。

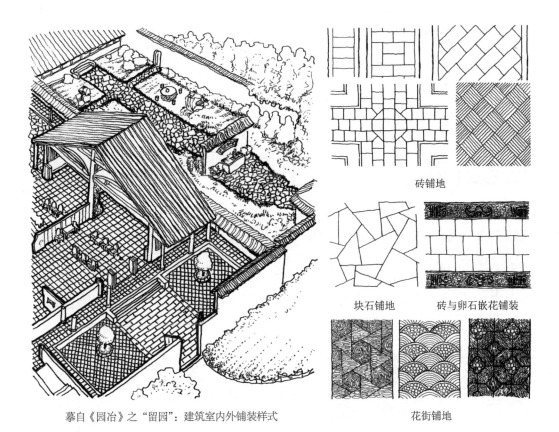

砖铺地

块石铺地　　　砖与卵石嵌花铺装

摹自《园冶》之"留园"：建筑室内外铺装样式　　　花街铺地

2）当代要素

今天的城市空间可以说是各类材料铺装构建的空间，绿色植物与沥青、混凝土、石材、瓷砖、砖瓦、玻璃、金属等材料组合在一起塑造了城市广场、公园、街区的多样风貌和个性。

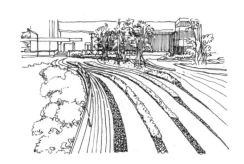

材料分类	应用场所
整体铺装：混凝土、沥青、水泥	主、次园路、电瓶车道、自行车道
块料铺装：天然和预制的块石、片石、预制砖	人行道、游步道、广场
木质铺装：防腐木、原木	栈道、栈桥、休憩平台
混合铺装：块石、预制砖、碎石、玻璃、金属	广场和休憩场所
嵌草铺装：植草砖、块石、预制砖、枕木	停车场、庭院、人流较少的游步道
碎料铺装：碎石、砾石、瓦片、卵石、砂石	游步道、庭院、休憩场地

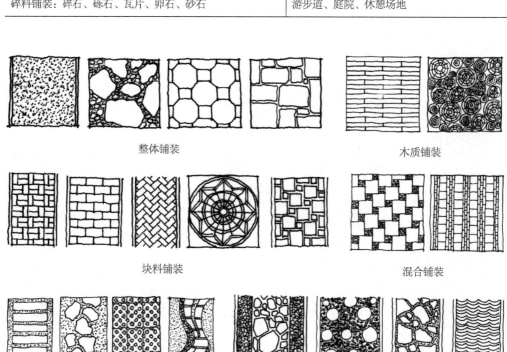

整体铺装　　　　　　　　　　　　木质铺装

块料铺装　　　　　　　　　　　　混合铺装

嵌草铺装　　　　　　　　　　碎料铺装

2. 设计原则

1）安全性

安全性是对于铺装的最基本要求，道路铺装要满足坚固、平坦、耐磨、防滑并易于日常清扫。根据场地地形条件，对坡度和排水予以考虑，因地制宜地进行布局。对于步行安全在铺装的设计、材料选择和施工过程中都要予以重点考虑。

步行道：考虑到人行鞋底摩擦，细石用类似砂浆材料固定，走在上面不滑，脚感舒适

车行道：比步行道低，用没有棱角的鹅卵石或石板铺设，石块表面十分光滑

横越车行道的步石，车轮可以从间隙通过

排水沟收集道路上的雨水，防止洪水流入市内

表层铺装下面的基层和碎石垫层，保证透水性和耐久性

始建于公元前4世纪的庞贝古城街道铺装，分为车行道和步行道，对于行走和车行的细节设计十分考究

2）功能性

（1）**弹性**：在满足交通、游览、活动、休憩等功能的前提下，步行者接触路面的弹性、触感，是否易疲劳是铺装功能性的关键要点；

（2）**无障碍**：应考虑老年人、儿童、残疾人的无障碍设计；

（3）**体感性**：路面的材质不同，对于阳光的反射程度和塑造微气候的效果就不同，它会引起人的体感和舒适性变化；

（4）**联系性**：铺装对于空间的引导与连接。

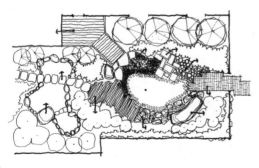

弹性 光脚花园，通过脚底触觉感知，调动人的视觉、嗅觉、听觉的铺装设计（摹自格兰特·W．里德［美］设计图）

无障碍 对于不同高差地形的处理，在铺装材料交接处采用缓坡自然过渡，进行无障碍设计

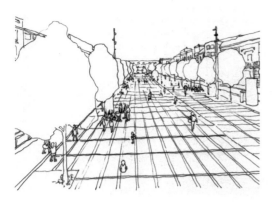
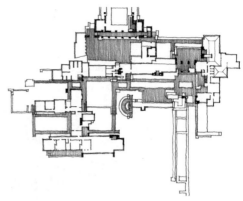

体感性 西班牙维拉弗兰卡设计Sant Francesc大道广场：充满色彩变化的网格铺地暗喻了以往延绵的葡萄酒园景观，无论是体感还是精神记忆都感觉舒适、亲切

联系性 铺装对空间的连接与指向作用：赖特在Taliesin Ⅱ（1914年）的设计中，通过场地铺装将分散的空间体块连接为一个整体，形成丰富的院落空间

3）趣味性

步行者的视觉感受也是重要设计内容，铺装的材料质感、尺度、组合图案、色彩应使人产生赏心悦目的感受，它是"造景"的重要手段。充满魅力的空间是建立在自然、文化和历史基础上的，路面铺装需要与这些环境氛围相协调，有时，铺装本身直接反映设计主题。

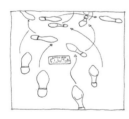

整体式铺装嵌入金属造型元素，活跃了空间氛围

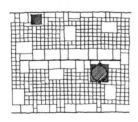

不同尺度的砖铺组合划分了空间区域

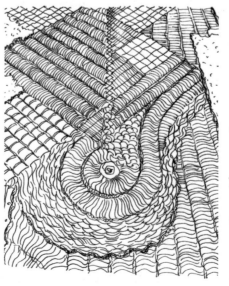

带有地域特色的瓦片图样铺装

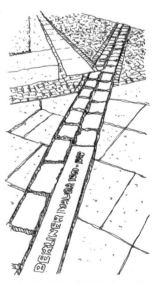

石材铺装嵌入金属标识，不仅反映场地信息，也塑造出历史氛围

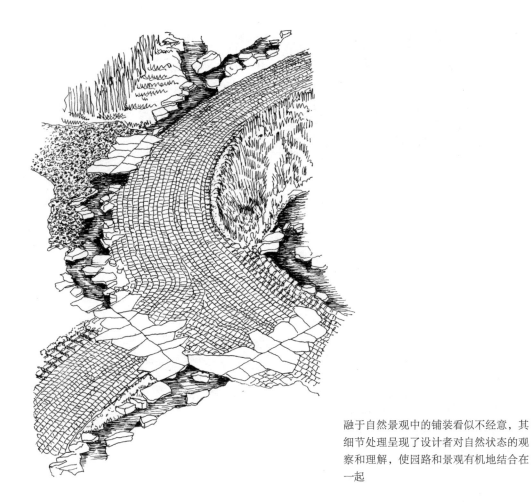

融于自然景观中的铺装看似不经意，其细节处理呈现了设计者对自然状态的观察和理解，使园路和景观有机地结合在一起

3. 铺装设计

针对有些景观设计类型，比如建筑周围广场、街道、历史街区、商业街、公园、小游园等，其铺装是需要创意性设计的。通常，我们认为铺装类似平面构成，但空间环境要素是多样的，包含台阶、建筑物、设施、植物、水系等，铺装设计如何与这些要素协调为统一整体，这就需要将它作为立体构成来认识了。

1）材质与色彩

铺装的材质感分为用眼睛可感知材料表面状态的视觉质感，以及脚底感知材料的弹性、光滑性的触觉质感；彩色铺装不仅包含同一材质的色彩搭配，也有不同材质的配色和肌理对比。空间设计的类型决定铺装材质和色彩的选用。

砖、石、木等传统自然材料的结合应得到重新审视，它们的色彩更加自然，会使设计产生不经意的温暖、舒适感

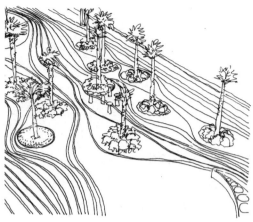

彩色涂画铺装强化了街道景观的流线性和连续性

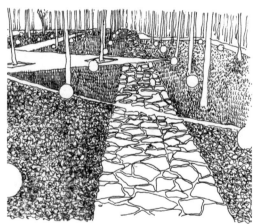

不同材质感和色彩的材料对比搭配，突出了自然要素和人文要素

单一图形下，通过对色彩、质感、范围的控制，使场地更富细节和个性

2）尺度与形态

我们在许多场所的体验会发现，有些铺装的尺度和形态设计是颇费心思的，在满足功用的基础上，材质的大小组合、图案的变化就像音乐节奏，快慢、强弱交替出现在乐章中，让行走体验变得轻松、愉悦。

整体铺装如沥青会感觉单调又很难感知到空间尺度，而彩色铺装、不同材料的拼接、拼缝就较易感受到尺度。小尺度的铺装会给人肌理细腻的精致感，但铺装的尺度感和场所性质应作为整体考虑。

铺装的形态可以做到巧而精、简而准的效果。当场地空间达到一定尺度，铺装中的各种图案便彰显出它的形态美，从而使景观更显意境。但设计上如果没有控制好，看似有创意的铺装图形会影响视觉，扰乱行走的节奏。

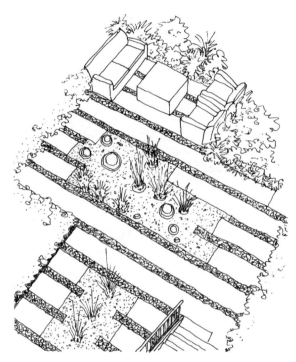

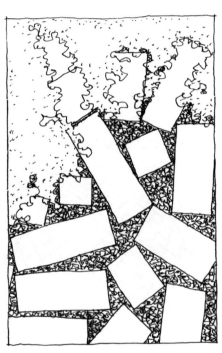

展现在图纸上的铺装尺度与真正体验时的尺度感有很大差异，好的尺度感需要观察和体验的积累

通过设计，材料的尺度、色调、肌理，图案的密度等要素可以呈现丰富的层次

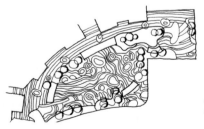

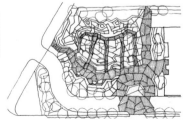

不同材料、不同尺度的拼接呈现的节奏感

具有动态感和指向性的线性铺装

3）铺装与其他景观要素的创意组合

　　人们看铺装的方式大致有三种，第一是行走时看脚下的铺装；第二是走在街道上看不远处广场的铺装；第三是站在高处俯视铺装，而这种俯视效果是我们在设计图中作为重点研究的，第一、二种视角的考虑则欠缺。为强化人们对整体空间创意的感知，需要结合各景观要素整体考虑，如以下案例，创意图形铺装将植物、水景、休闲设施、雕塑小品和不同区域都纳入到统一的造型语言中，增加场地趣味感的同时，设计主题和空间品质也得以彰显。

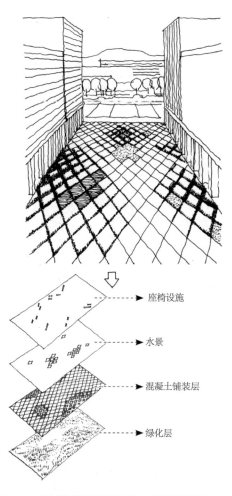

Madách 广场景观铺装设计分解，将场地铺装纳入城市设计的手法，整合广场的空间功能和各景观要素，使其成为一个有机整体

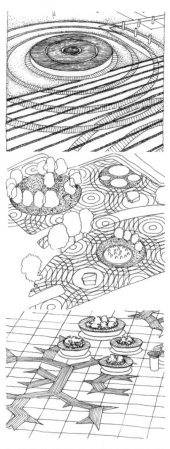

如果不是俯视或者从远处观察铺装，在近处体验时人们是感知不到铺装图案的，但图案的形式、色彩、质感，图形的引导性，对景观各要素的组织与整合会让人感知到场地环境的整体性和有机性

四、植物

植物具有生命，不同的植物有不同的生态和形态特征。它们的干、叶、花、果的姿态以及大小、形状、质地、色彩各不相同；植物生长变化以及一年四季的观赏性也颇有差异，这种动态变化的特征使其在景观设计中具有重要的作用，既是景观季相变化的主要媒介，又是生态文化的重要载体。

景观种植是科学与艺术的组合，进行配植设计时，应因地制宜，因时制宜，使植物正常生长，充分发挥其观赏特性。在历史文化的积淀中，人们赋予植物各种情感和象征意义，因此，植物配植不仅要遵循其生态规律，充分表现它们的功能性和自然美，还要注重人文、艺术理念的传达。

在进行植物设计时，尽可能多画植物形态的草图，这有助于看到植物多样的组合形式对立面轮廓线的影响，辅助自己想象植物的空间立体效果。

摹自探险家、植物学家卡尔·弗里德里希·菲利普·冯·马修斯（Carl Friedrich Philipp von Martius, 1794—1868）在其著作《棕榈博物学》中描绘他在巴西和秘鲁的探险

1. 园林植物意境

　　园林的植物配植，按植物生态习性和园林布局要求，考虑"景因境异"，以发挥它们的观赏特性。通过对各种植物的配置、种类的选择、组合、构图、色彩、季相、意境等，营造出多样的植物景观；师法自然，将其他园林要素如山石、水体、建筑等相互融合、渗透使其成为自然的整体；根据植物的表现形态，赋予一种人格化的比拟。古典园林的植物从审美角度可分为观花植物、观果植物、观叶植物、林荫植物、藤蔓植物、竹类、草本和水生植物等，它们都具有独特的审美价值。

1）观花植物
　　是重要的审美景观，表现为姿、色、香之美，可创造宜人的环境。

2）观果植物
　　植物枝头累累硕果，使人感受到季相的美好和生命的充实。

3）观叶植物
　　因植物的叶色、形状各有风姿而成为古典园林中观赏的重要题材。

4）林荫植物
　　郁郁葱葱的高大的林荫木是营造绿荫空间的基础。

5）藤蔓植物
　　藤蔓植物种类繁多，枝干姿态优、花叶色泽美，编织成片就具有了气势，烘托氛围，也

拙政园玉兰堂剖面图

枇杷园嘉实亭剖面图

荷风四面亭立面图

寄畅园大香樟的绿荫空间

可用于划分空间和软化界面。

6）竹类植物

竹姿态挺拔摇曳、青翠碧玉、音韵萧萧、倩影映窗、意境清远、富有诗意。竹贯穿于中国的诗画史以及文化史，形成了传统的竹文化。

7）草本及水生植物

形体小而柔，有优美的线条和清雅的色彩，在水景中有画龙点睛的作用，可遮饰点缀，也可独立成景。

留园紫藤廊桥透视图

个园竹林

见山楼水生植物景观，丰富水景

2. 植物生长、植物规格与种植条件

1）树木的形态与功能

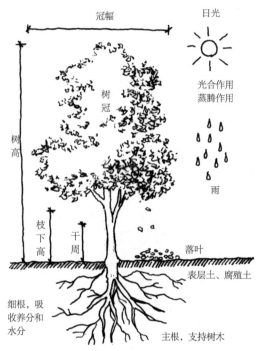

2）植物所需表土最小厚度

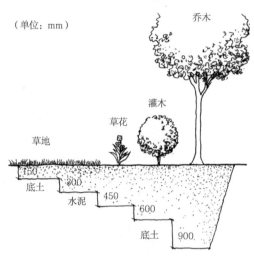

3）植物配植的上下关系

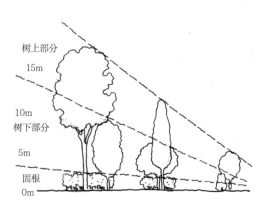

4）植株体量

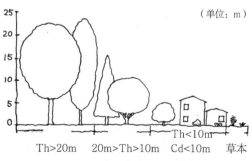

大树Th>20m，中树20m>Th>10m，小树Th<10m
Cd<10m（Th-树高，Cd-冠幅）

根据植物大小和外部形态可分为乔木、灌木、藤本、竹类、草本、水生植物、草坪与地被等类别。

乔木体形高大、主干明显，是造景的骨干植物，起主导作用；灌木多呈现丛生状态，在景观垂直面上界定空间；藤本植物要有依附，起到柔化附着界面的作用；竹类品种较多，它富有意境之美，中国有深远的传统竹文化；草本花卉姿态优美、花香四溢，对人的身心有积极影响；水生植物除了造景功能，还可以净化水体；草坪和地被营造舒朗、柔和的视觉空间，也经常作为景观主景营造绿色空间。

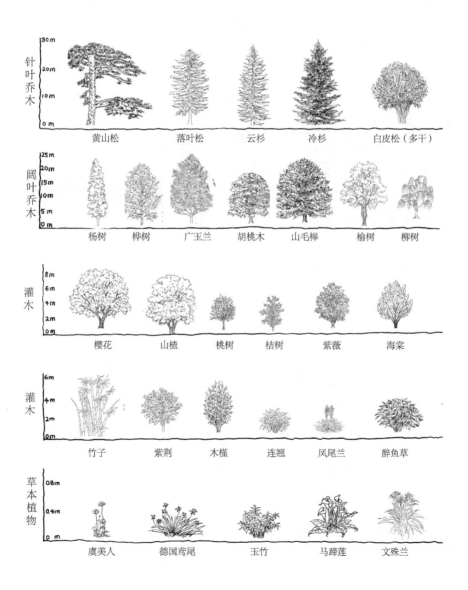

3. 植物配植原则

（1）与景观绿地的性质和功能要求相匹配。以先生态，后景观的原则。

（2）满足植物生态要求，符合植物自然生长规律，注重开发和应用乡土植物，延续当地植物的风貌和自然过程。

（3）符合景观设计审美要求，呼应设计理念，突出地域特点，体现植物的观赏性，既可欣赏孤植树的风姿，也可观看群植树的华美。

（4）营造多样性的物种和造景形式。重视园林植物多样性是一个模拟和创建自然生态系统的过程，植物配置注意乔木、灌木和草花的结合，植物群落可增加稳定性，有利于植物的生长。

庭院，种植种类不求多样，让方寸庭院简洁又明亮，可遮光源的落叶树营造沉静的氛围

植物配置应注意种间关系，结合植物的自身特点和对环境要求来安排

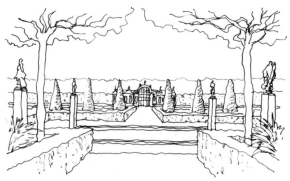

人工修整的植物和几何布局体现了西方的园林审美

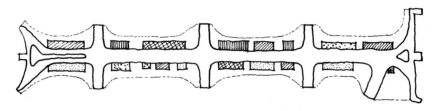

某城市道路景观绿植设计

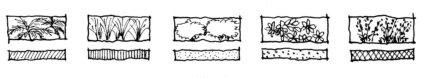

植物图例

4. 植物配植形式

1）自然式植物配植

模拟自然群落的结构和视觉效果，形成富有自然气息的植物景观，如树丛、树群、树带来组织空间和划分区域。

- **孤植**

表现树木的个体美，常作为园林空间的主景，孤植树木选用姿态优美、冠大荫浓、寿命长、病虫害少的树种。周围配置的树木，应保持合适的观赏距离。在珍贵的古树名木周围，不栽植其他乔、灌木，以保持它独特的风姿。

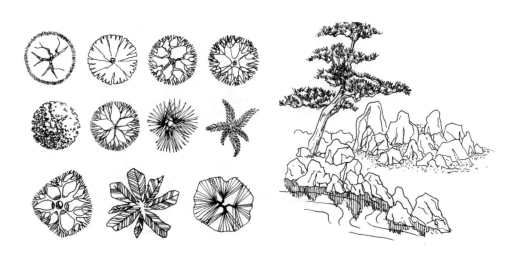

- **对植**

不对称地配植在场地中，以强调主体的两侧，保持构图和形态上的均衡。

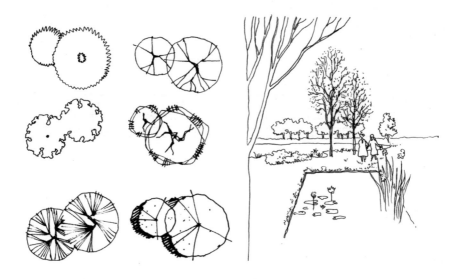

- **随地形起伏种植**

即树丛突出草坪的地形起伏。植物的生长需要土壤、光、水、温度等条件，不同的地形在这些条件上是有差别的，这就引致不同地形、地段、地势的植物会有不同，需要依照植物习性、生长需求以及冠线形态来配植。

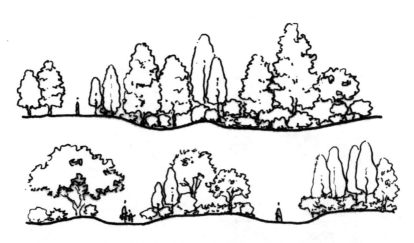

随地形起伏种植，与地形、园路形成有机的自然景观

- **树丛与树群**

三株以上不同树种的组合，以观赏树木的群体美，也可用作背景或隔离措施。配置宜自然，符合艺术构图规律，可由同种或不同种树种组成有变化的景观，种植点连接成不等边三角形，具有"成林"之趣。

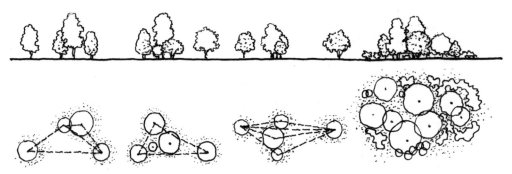

不等边三角形的植栽，要以主树为中心，配植在两边的树木高度与间隔要有一些变化，带出景深感。从主树左右延伸种植的树木所成的角度最好为钝角，实际布局还要随树木大小、空间规模进行调整，不过从单一视点看过去时，能看到树木的组合范围

- **散植**

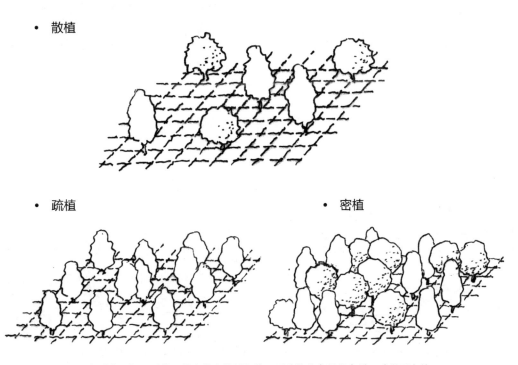

- **疏植**

- **密植**

看似随意，间距不等，符合艺术构图规律，两种植栽交界处交错，感觉更自然

2）规则式植物配植

成行成列种植或按几何图案种植植物，形成秩序井然的规整式植物景观，有很强的装饰效果，体现人工美。如西方古典园林中的刺绣图案式花坛，现代城市开放空间的景观设计，多采用对植、列植、网格式种植、曲线式种植、图案式种植等形式。

- 对植

即对称地种植大致相等数量的树木，多应用于园门，建筑物入口，广场或桥头的两旁。在自然式种植中，则不要求绝对对称。

- 列植

也称带植，是成行成列栽植树木，是点状要素的线形排列，多应用于街道、公路的两旁，或规则式广场的周围。如用作园林景物的背景或隔离措施，一般宜密植，形成树屏。

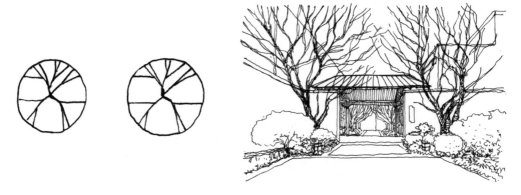

对植始终烘托和陪衬主景，可利用植物的枝干状态加以引导培育，形成交冠的框景

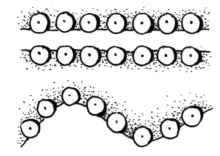

列植构建的景观效果比较整齐、有气势，具有施工和管理方便的优点

在城市景观营造中，表现为工整和秩序，可构成夹景，引导视线

对比自然式种植，表现出的不刻意的平衡感是道法自然

列植有保障车行和人行的安全、生态遮荫和抗污染的景观功能。

- **圆或半圆种植**

即按照一定株距把树木栽为圆环的形式。圆形和半圆形本身具有向心力作用，会产生封闭和半封闭的空间效果，具有排他性以烘托核心景观。

- **网格式种植**

强调排列整齐、对称整体的植物布局，有一定的株行距，给人以肃穆的丛林感受，其规整的形式是对城市人工环境的呼应与自然调和。

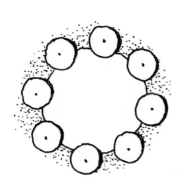

景观设计中，圆形或半圆形的广场、露天剧场多采用这种种植形式，将人们的视线汇聚一起

几何花园（The Geometric Garden, Birk, 1956），卡尔·西奥多·索伦森运用几何形式的山毛榉绿篱构建了核心景观

树阵植物选用树干挺拔、树形端正、冠形整齐、生理抗性强、生长稳定的品种；树种应是深根性，无刺，花、果、叶无毒；为保障冠幅相似性，雌雄异株的苗木选择同性苗木

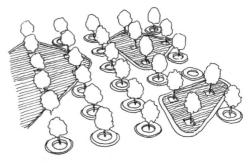

网格式种植可以改善城市小气候，调节环境；人的休闲活动多置于冠荫下，结合树池形成休憩设施

- **图案式种植**

景观设计中，植物常作为构图要素，形成具有艺术效果的抽象图案。西欧古典园林多将植物修剪成几何图形，如发展于15世纪中叶的意大利台地园，布满以黄杨、柏树修剪的方块绿色植坛，尽显规整、精致的植物造景。

植坛

植物迷宫

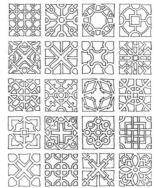

西方古典园林中的模纹花坛

5. 植物的功能

1）生态功能

植物有安全防护、降低城市噪声、调节小气候、净化水体与土壤、美化环境的作用。在设计中，道法自然，根据不同的环境条件，营造结构和功能相统一的植物群落以满足生态景观的要求。

- **蓄水保土，净化空气、土壤、水体**

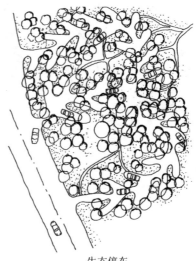

生态停车

减少空气、水体和土壤中的含菌量，美化环境

- **降低城市噪声**

如在道路和建筑物两侧，种植中型、高型植物，防止声音穿透树丛，但应采用常绿树

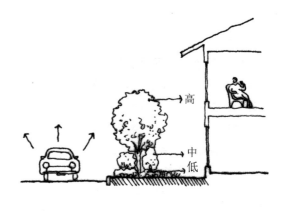

- **改善小气候**

调节温度、湿度，起到防风、通风的作用

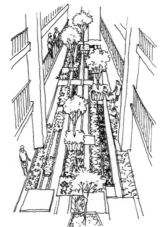

多层住宅庭院

2）观赏功能

植物景观有个体美、群体美和细部之美，这是由植物本身的形、色、味在人的视觉和心理上产生的感应，心理感受与植物设计相结合、碰撞就产生了丰富的景观体验。

植物可以协调和统一环境中不和谐的因素，突出空间的层次和分区，使观赏者在整体背景欣赏到各个部分，这就要求植物配植体现均衡、序列、比例、重点等构图关系。

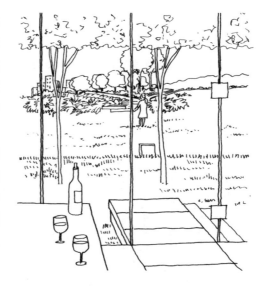

人的视线可以随植物造景延伸至远处的景观，并有意识地将绿色空间连接起来，由此产生了空间和行动的连续性

- **色彩**

明艳的色彩可以营造欢
愉、舒朗的氛围，深暗的植
物会产生幽深、沉闷的气氛。
色彩无优劣之分，在设计中，
通常对叶子的颜色考虑较多，
因为叶子存在时间长，但花、
果、树皮等颜色也要考虑，好
的植物色彩设计取决于搭配、
协调、对比和衬托。

樱花，作为背景的绿篱突出了樱花的主景

- **大小**

关系到设计理念的展现和空间布局，以及视线关系

坐视角，以高约1.2m为分界线

植物高1.5~1.6m为是否可视的分界线

- **外形**

植物的轮廓、形状（林冠线）除满足遮阴、屏障、防风、围合等功能外，也勾勒出优美
宜人的林冠线

视线开敞的空间

乔木形成的覆盖空间

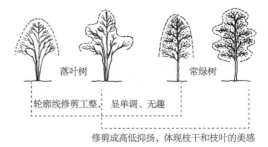

落叶树　　　　常绿树

轮廓线修剪工整　显单调、无趣

修剪成高低抑扬，体现枝干和枝叶的美感

3）空间构成功能

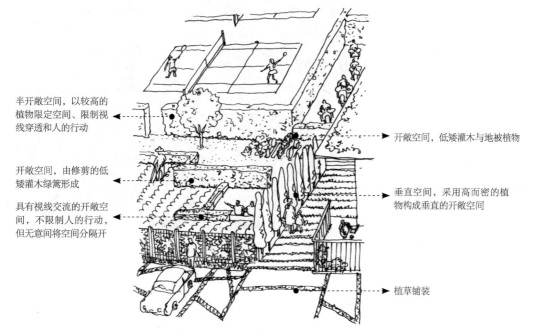

半开敞空间，以较高的植物限定空间、限制视线穿透和人的行动

开敞空间，低矮灌木与地被植物

开敞空间，由修剪的低矮灌木绿篱形成

垂直空间，采用高而密的植物构成垂直的开敞空间

具有视线交流的开敞空间，不限制人的行动，但无意间将空间分隔开

植草铺装

植物在空间划分中的运用与表现形式

• **开敞空间**

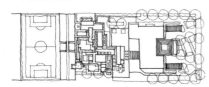

以植物构建空间结构、进行功能分区

• **覆盖空间**

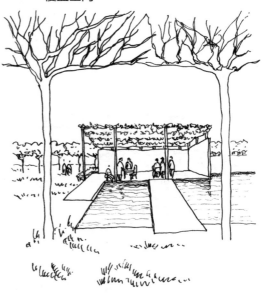

• **垂直空间**

植物作为自然的柔性隔断

利用浓密树冠或藤蔓植物来遮阴，构成顶部覆盖的空间

五、水景

水景，既是古典园林景观的血脉，也是现代景观的重要造景元素。水是不成形的液体，赋予自然、生命以活力，因此以水造景，能给予空间柔性和灵动性。由于水景可以灵活地组织空间，巧于因借，因此通常被作为景观的主体或中心，具有景观营造、休闲游憩、改善生活环境、调节小气候、排洪调蓄等功能。

摹埃舍尔（M. C. Escher）作品：*Study for Rippled Surface*

1. 古典园林中的水景类型

人类自古喜欢择水而居，随着文明的进步，水从单纯的物质功能逐渐发展为具有艺术特质的水景。中国古典园林中的"理水"指对水体的立意、功能、布局、形态等的处理，是园林造景的核心内容。自古以来，人们就以水疏浚水源、防洪灌溉和园林造景。水景可赏可游，既改善环境又调节气候，同时也被赋予了丰富的美学和文化内涵。

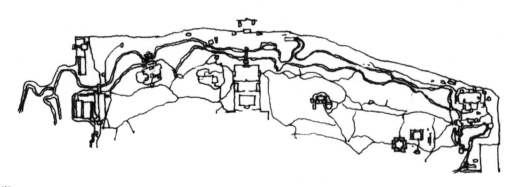

湖

颐和园后湖：为"两山夹水"格局，水面的收敛与两岸山势的高低凹凸紧密配合，以平缓的山势反衬水面的开阔，又以狭窄的水面反衬山势的高峻，山水浑然一体

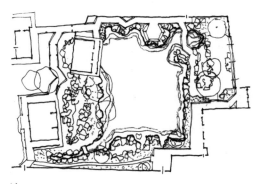

池

网师园的池：池水荡漾，景色开朗，亭台轩榭与池水相衬托，使得园中景致更显曲折有致

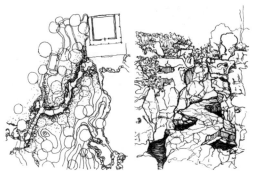

溪·涧

寄畅园中的"八音涧"汇集了河、湖、泉、瀑、池、涧、滩各种水的形式，两侧山石高耸，形势逼仄，泉水沿石缝流动，随山势的起伏时而舒畅时而湍急

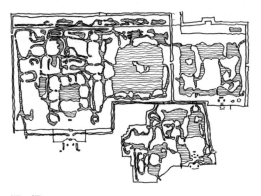

河·渠

圆明园河网：园中的大、中、小水面众多，通过回环河道联结为一个完整的河湖水系，形成渚、洲等诗情画意的景观形式

泉

趵突泉泉水从地下石灰岩溶洞中涌出，有三个出水口，"水涌若轮"，再现了历史上的著名景观"云雾润蒸"

瀑

狮子林瀑布景观：清泉经湖石三叠，奔泻而下，清脆悦耳，仿佛置身于自然界

2. 水景的功能

水可以衬托水岸和水中景物，产生倒影，有扩大空间、丰富空间层次的效果，因此常被用来构建景观基底，提升空间品质。

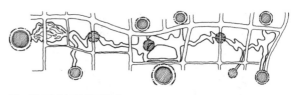

统一景观要素和联系节点

水景的系带作用，以水面作为构图基底，将环水的众多景观节点联系起来，所有景观要素也都通过与水的联系而产生统一的整体感

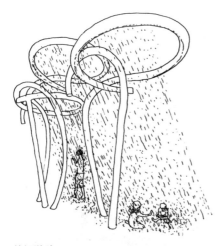

韩国清溪川，处于城市道路中间的亲水步道，景观序列沿着河道展开，上下游高程差由多道跌水衔接起来，形成既有涓涓流水，又有小激流的自然河道景观

休闲游憩

主要指人在水景中的参与行为，如赏水、划水、戏水、涉水等活动，这种人与水的互动增添了景观的趣味性，为空间带来活力

景观焦点

通常将水景置于重要的景观轴线上以形成视觉焦点

供人观赏的生态水池多饲养鱼虫和习水性植物，营造出动物和植物互生互养的生态环境

改善环境和调节小气候

水景加强了空间联系，将水的动与静、形与色、限定与引导之特性展现出来，调节环境小气候，也丰富了景物层次，使场所更富表现力和感染力

3. 现代水景类型

（1）自然界中的海、湖、河、泉、池、溪、涧、瀑布、潭等水体会呈现出滞、流、落、喷等多种形态，不仅有着多样的艺术特征，也为人们带来丰富的感官体验。水具有高度的可塑性，是最富于变化的造景元素，可动可静、虚实变幻，"有水则活"是景观艺术的重要组成部分。类型丰富的水景创作，其风韵、气势、发出的声音，都给人以自然美的享受。从景观营造的角度，水景主要指人工水景，形式有静水、流水、落水、涌水和喷水。

水景形式

类别	特征	形态	特点
静水	水面开阔、基本不流动的水体，映衬岸边景物	静止流	平静、开阔的水面，明快、幽深
		紊流	开阔、粼粼微波的水面
流水	沿水平方向流动的水	溪流	细长曲折的潺潺流水
		渠流	规整有序的流水
		漫流	四处漫溢的流水
落水	跌落的水流	叠流	水流分层连续流出，或从落差不大的台阶跌落
		瀑布	从落差较大的崖壁上飞流而下的水流
		水幕	自高处呈帘幕状垂落的水膜
		壁流	附着在壁上流下的水流
涌水	由下向上涌出的水流	涌泉	从水下涌出水面的水流，不作高喷
喷水	压力作用下从喷头自下而上喷出的水流	射流	从直流喷头中喷出的细长水柱
		水雾	从成雾喷头中喷出的雾状水景

静水 静水指水的静止状态，如湖泊、水池、潭、井等，给人以开朗、清宁的感受。

杭州西湖，风平浪静时，微风送拂，为湖光倒影增添动感和一种朦胧美

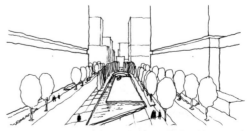

城市中的静水"池"景观可以营造让人们在身心上的放松环境

落水 即跌落的水，如瀑布、壁泉、水帘、水墙、管流等。不同类型的落水，呈现的形态、水量、声音也各异，落水具有动态美，飞珠溅玉，有声有色。

塑造喷水口以获得满意效果

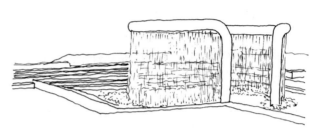

直泻而下的水帘幕，有界定空间和控制视线的作用

流水 如河流、溪涧等，流动的活水可以带来灵气与活力，就像流动的血脉，保证这个场所肌体的更新和健康。

河流的多样弯曲是其自然本性，设计水体时，使流水蜿蜒曲折才更具生气

涌水 可独立设置，也可以组成图案，低调地活跃氛围，给人以亲近感。

喷水

喷水是人工水景中特殊的造景手法，常见于西方园林中，它具有动态、层次、活力、趣味等景观效果，一般是通过水泵将压力水经喷头，根据对喷水速度和水形的设计形

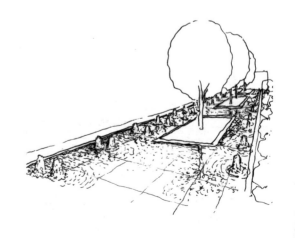

成姿态各异的动态水景。水与光是不可分的，光赋予喷水颜色变化的范围和强弱。通过流水、雾和光的动态设计语言给观众带来人与自然和谐共生的感受。

喷水类型	特点
射流喷泉	采用角度可任意调节的直流喷头、水流喷得高而远，适合于要求水流成组变化很快的程控喷泉
膜状喷泉	利用缝隙式喷头形成的薄膜，充氧、加湿、除尘作用明显，噪声低、易受风力干扰
气水混合喷泉	利用加气喷头形成高速水流，吸入大量空气泡形成负压，气泡的漫反射作用使水流呈现白色，改善了照明着色效果；它能以较少水量，达到较大的外观体量，充氧、加湿、除尘作用明显，能耗大
水雾喷泉	利用缝隙式喷头，撞击式、旋流式喷出雾状水流，形成局部云雾朦胧的意境，在光线照射下呈现彩虹景象，充氧、冷却、加湿效果明显，易受风力影响

（2）从空间场所对于水景的运用分为庭院水景、自然环境水景、居住区水景、广场水景、公园水景、公共建筑水景等。

庭院水景

在庭院中间或轴线上布置水景，可增强庭院的向心性。需处理好水景与环境的尺度和比例，不仅要考虑水体的平面尺寸，还要考虑它所占的空间体积，即高度、深度、宽度，做到这种精确的设计，才能从各个视角表现出水景和整体环境的契合。

自然环境水景

自然水景具有强大的视觉震撼力，与城市环境相结合，可获得开阔、舒朗的空间效果。

居住区水景

水的动态效果营造充满活力的居住氛围。岸边景物设计，要与水面的方位、大小及其周围的环境同时考虑，借虚景以获得理想的效果，增加人们的寻幽乐趣。

公共建筑水景

以水景为衬托，突出建筑雄伟壮丽或恢宏气度。

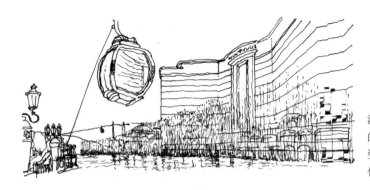

澳门永利皇宫酒店喷泉水景,巨大的湖泊式喷泉随音乐旋律变换各种姿态,在灯光照射下营造出千变万化的景象

公园水景

水景是公园景观构成的重要元素,几乎包容任何水景类型,因为公园是面对最广泛人群的公共休憩空间,更需要以水来丰富景致、活跃空间氛围和提升人们的参与性。

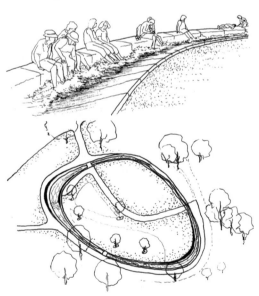

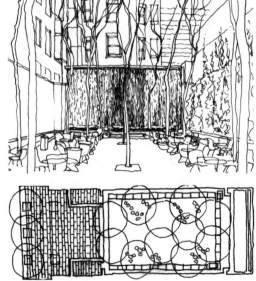

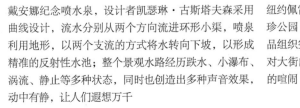

戴安娜纪念喷水泉,设计者凯瑟琳·古斯塔夫森采用曲线设计,流水分别从两个方向流进环形小渠,喷泉利用地形,以两个支流的方式将水转向下坡,以形成精准的反射性水池;整个景观水路经历跌水、小瀑布、涡流、静止等多种状态,同时也创造出多种声音效果,动中有静,让人们遐想万千

纽约佩雷公园(1967年):罗伯特·泽恩设计,首个袖珍公园,占地390m²,设计运用跌水、树阵、园林小品组织空间;公园以6m高的瀑布作为背景,即使有面对大街的开放式入口,瀑布的流水声依然掩盖了都市的喧闹

广场水景

广场与水景的关系如同图底关系相互影响，水景如同河流，在城市广场上漫延，带来生机与活力。水景本身承担一定的功能，又为空间增添了艺术性，柔化空间界面。

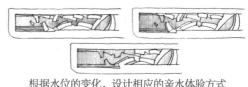

根据水位的变化，设计相应的亲水体验方式

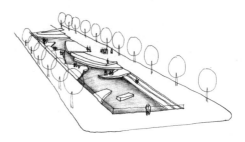

韩国首尔的清溪川（ChonGae）是城市广场的汇集点和景观亮点，人们喜欢与水保持亲近的距离，踏着横在河中的大石块，可跃过溪水，跳到对岸，这种参与涉水的景观很受欢迎

4. 水景相关要素

1）驳岸

驳岸是保护水景的设施，于水体边缘和陆地交界处，用工程措施砌筑使岸体稳固，以免受自然或人为因素的破坏。驳岸与水体边界形成的线形景观能否与环境有机协调，关系到景观的整体效果。驳岸设计包括岸线的平面形态和断面形式设计，需要处理好防洪与近水的关系，安全与亲水的关系，具体考虑到驳岸与水面间的高差关系、驳岸类型、用材选择等。

岸线平面设计：按驳岸形式分，有规则式驳岸如混凝土驳岸、石砌驳岸，自然式驳岸如草坡驳岸、自然山石驳岸、假山驳岸等。当岸边建筑较为规则时，可采用规则式驳岸和自然式驳岸的混合式水岸。岸边景物设计应错落有致地迫近水面，景观构筑物、山石和花草配置应变化有序，岸边路径与岸线应若即若离，由此构建出意蕴无穷的水景氛围。

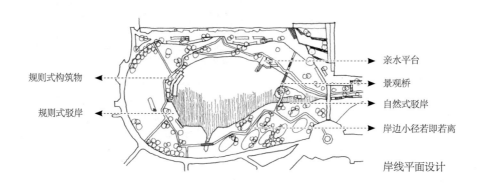

亲水平台

规则式构筑物

景观桥

自然式驳岸

规则式驳岸

岸边小径若即若离

岸线平面设计

不规则驳岸断面示例

- **自然式驳岸**：适当运用块石、鹅卵石、木桩等营造岸线蜿蜒曲折，岸坡有机起伏的驳岸，可柔化水景效果，使其趋于自然。

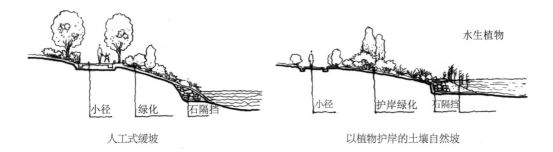

人工式缓坡　　　　　　　　　以植物护岸的土壤自然坡

- **垂直驳岸**：木平台驳岸、混凝土堆砌驳岸

- **阶梯式驳岸**：满足游人亲水需求，是互动性的水景，驳岸尽可能贴近水面，以人手能触摸到水为最佳

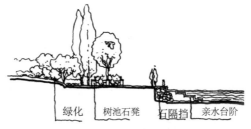

- **假山驳岸**：借以减少人工气氛，增添自然生趣

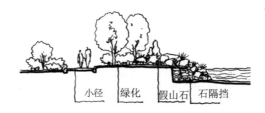

2）堤

堤是筑土石隔挡水域的岸，堤有分隔水面增加空间层次，引导游线、丰富水面景致的作用，由于堤身较高遮挡视线，设计时尽可能迫近水面，使游人有凌波之感。

3）桥

景观设计中的静态湖面多设置桥，桥是交通的一部分，便于游赏到景点，也起到分隔和联系水面的作用，增加水面的层次与景深，扩大空间感，也可增添园林的景致与趣味。按形式分有曲桥、廊桥、拱桥、亭桥、吊桥、汀步等。

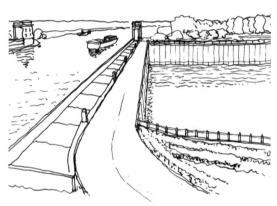

堤可将较大水面分割成不同区域，形成主从有序的水景效果

堤作为景观通道，使人们亲近水体

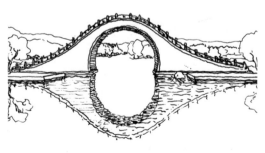

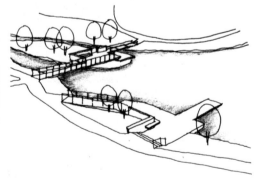

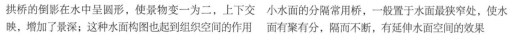

拱桥的倒影在水中呈圆形，使景物变一为二，上下交映，增加了景深；这种水面构图也起到组织空间的作用

小水面的分隔常用桥，一般置于水面最狭窄处，使水面有聚有分，隔而不断，有延伸水面空间的效果

5. 安全原则

无护栏的园桥、汀步附近2.0m范围以内的水深不得大于0.5m，未达此要求应设置护栏。

硬底人工水体的近岸2.0m范围内的水深不得大于0.7m，未达此要求应设置护栏。

戏水池最深处水深不超过0.35m，池壁装饰材料应平整、光滑且不易脱落，池底应设防滑措施。

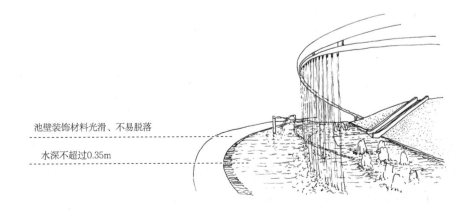

池壁装饰材料光滑、不易脱落

水深不超过0.35m

六、景观建筑与设施

景观建筑与设施是为游人提供各种游览和休憩活动、与环境相协调的构筑物，不论是功能需求还是点景都是景观设计不可缺少的要素。

景观建筑因其可停留、赏景、咨询、用餐、避风雨寒暑等实际功能，经常在游园中起到统帅全局和局部景观的作用，利用廊桥、门洞和园路的组合可将人们引至不同景观节点，使游园空间生动有趣。古典景观建筑有据可循，当代景观建筑则类型多样，由于景观范畴不再局限于园林，其建筑功能也拓展开来，新理念、新材料、新技术的层出不穷又使景观建筑演绎出更多元的风格。

景观设施一般体形小、分布广、数量较多，具有艺术感的设施使景观更富有表现力。在满足功能基础上，对于它们的设计与选择应与景观类型相符，并与需要营造的整体性氛围相融合。

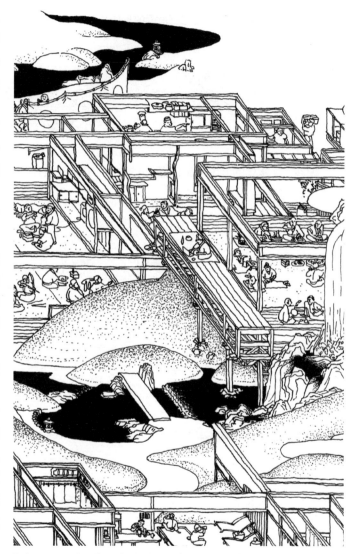

蓦山口晃（日本）作品《今样游乐图》，又名《现代之乐》，2000年

1. 景观建筑

1）古典要素

景观建筑既是园林中"被看"的景观，又是"看"景的建筑物，由于布局摆脱了传统居住建筑拘谨的格局，其造型更加优美，与景观相互烘托。它有组织游览路线、提供停留、调节微

气候、限定室外空间、控制视线、影响临近景观的功能。

楼・阁

楼：2层或2层以上的屋宇建筑，使用功能广泛，平面呈狭长形，形体曲折延伸。

阁：多层建筑，使用功能广泛，造型高耸，平面呈方形或正多边形，比"楼"完整、集中。

苏州沧浪亭看山楼

苏州留园远翠阁

榭・舫

榭：是古典园林中依水架起的观景平台，平台一部分在岸上，一部分深入水中，廊虚开敞，多与廊、台相组合。

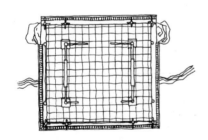

苏州拙政园芙蓉榭

舫：船形建筑，三面临水，船尾设有平桥与岸相连，有行船之感，又名"旱船"。

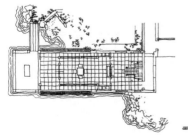

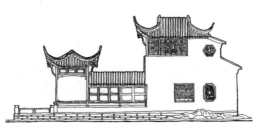

苏州拙政园香洲

亭

亭即"停"，供人休息、赏景之处，有"点景"作用。常作为园林景观的构图中心。

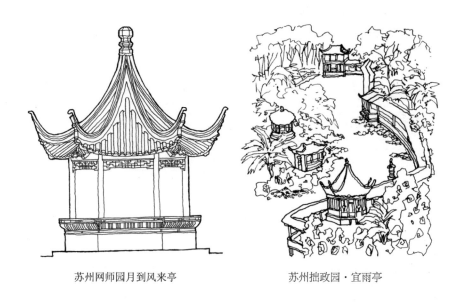

苏州网师园月到风来亭　　　　　　苏州拙政园·宜雨亭

廊

廊是带形构筑物，有联系交通、遮风避雨、划分空间、实现移步易景的作用。廊辗转于园林中，有直廊、曲廊、波形廊、复廊等类型，与地形结合，富于变化。

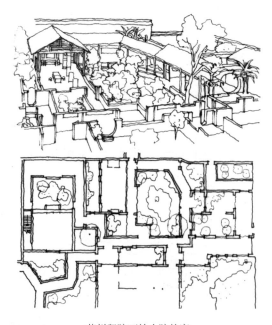

苏州留院石林小院的廊

门

标识园林等级和特征的出入口，它是控制、引导游人出入的构筑物，也是划分不同景区的界标。

窗

园林中的窗是有图案的洞窗，有装饰墙面、隐约透景的作用。

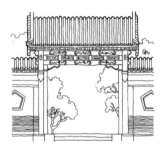
北京颐和园宜芸馆垂花门腰门

苏州留园还我读书处景窗

桥

桥是架在水面上或空中以便通行的构筑物。桥有联系景观节点、组织路线、划分水面、引导景观序列的作用，并与其他景物互为借景。

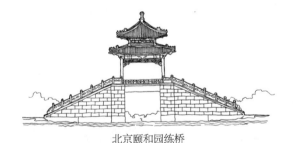
北京颐和园练桥

墙

构建了园林范围，有防护作用，在园林内部也可划分空间。墙上往往有形态各异的孔洞，有组织游览路线、沟通空间和框景的作用。

墙洞的"框景"

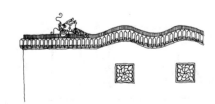
龙墙

2）现代要素

现代景观建筑所采用的材料、技术包含传统自然材料和传统结构技术，但大量还是采用新材料、新技术，这种选择依据地域条件和景观设计理念而定。但较之古典风格、功能、空间形态和类型，现代景观建筑更加多样化，也蕴含了更丰富的人文内涵、对地域文化的回应和对生态环境的思考。

类型	内容
休憩类	亭、廊等
服务类	餐厅、茶舍、剧场舞台、游客服务中心、入口、公共卫生间等
地标类	观光塔、观光台等
交通类	车站、码头等
展示类	与景观主题相关的展厅、展馆、温室等

当代景观建筑由于采用了新的结构框架，使得室内外的空间通过大面积玻璃窗就可以实现对话，丰富了传统"模糊空间"的视线，也继续演绎着古典建筑中对景、透景、借景的表现手法。

其他建筑类型如大型文化建筑、观演建筑、居住建筑等在现代主义建筑发展后，也更多地关注自然环境、人文景观、地域风格等，并在建筑形态的表现上予以回应，因此，这些手法在景观建筑的设计中也需要借鉴。

悉尼歌剧院，作为城市精神传达的地标式建筑和艺术纪念碑

巴西建筑师奥斯卡·尼迈耶的设计无论是任何类型，都对建筑所处的环境和地域特征作出丰富的回应，表现手法多样，如下图。

文化中心（法国勒阿弗尔，1983年）：在地平面以下开辟露天广场，富有艺术感的廊道丰富了动线

Prudente de Moraes Neto 住宅（里约热内卢，1944年）

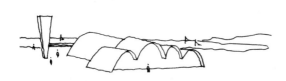

San Francisco de Asis 教堂（巴西，1940年）：尼迈耶对里约山水呈现的曲线有很深的情节

尼泰罗伊当代艺术博物馆（尼泰罗伊瓜纳巴拉，1996年）：建筑像UFO漂浮在海上，创造出环境的轻盈感，并可欣赏周围海湾全景

度假村旅馆（巴西，1943年）：向湖边伸展的屋顶

伯顿·Tramaine 住宅（美国，1947年）：建筑底层由露天门廊和封闭门廊连接而成，并向海岸线平行伸展

休憩类：亭、廊等

"廊"有引导交通、连接景观节点、观景、避雨雪日晒等功能。我国古典园林中就以廊来借景和融合空间，如苏州沧浪亭和拙政园的游廊。当代设计者也经常运用这些手法塑造丰富的观景层次，并发展出形态各异，结合景观其他元素变换人们在廊中的行走体验。

"亭"在当代景观设计中的作用除与古典园林中的一致，提供休憩、造景、控制空间格局外，其造型更加丰富，由于体量小，在材料、结构的选择上也相对自由，功能也拓展开来，更能满足现代人的休闲方式。

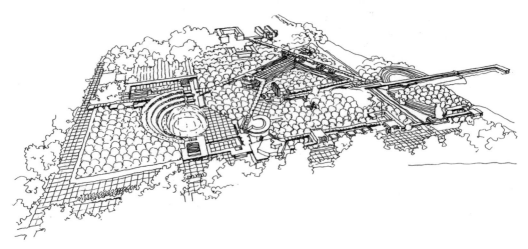

弗兰克赖特设计的佛罗里达南校区Florida Southern College（1938—1957年）：通过"廊"将建筑和各部分节点联系起来

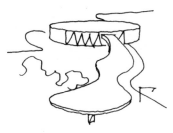

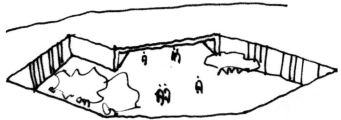

尼迈耶设计的舞厅和酒吧（巴西，1940年）：由建筑伸展出的"廊"延伸至水边，将建筑与景观自然地结合起来，彼此相融

廊式建筑实现了从入口—院落—主体建筑的室内外空间联系

艺术廊道，雕塑与亭、廊的结合，其艺术性提升了公共空间的品质，也提供给人们多种活动的可能

服务类：餐厅、茶舍、剧场舞台、公园或度假村的娱乐建筑、游客服务中心、入口、公共卫生间等

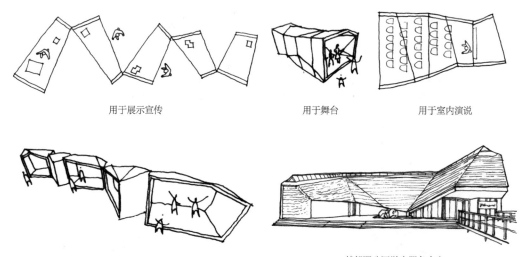

用于展示宣传　　　　　　用于舞台　　　　　　用于室内演说

某郊野公园游客服务中心

用于停留、休憩、娱乐等活动，半开放的空间形式自然地将人们的活动区分开来，减少干扰，是对公共空间里人们需求的很好回应。

Libanes俱乐部，尼迈耶设计（巴西，1950年）：组合复式穹顶设计与平台的连接赋予建筑巨大活力，与自由形态的场地设计相得益彰

日本建筑师藤森照信（Fujimori Terunobu）选用天然泥土、原木、石材等原材料，打造出漂浮于空中的茶室，以唤起人们对自然的渴望

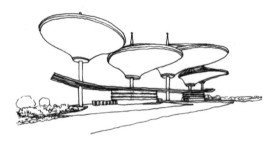

某花海公园入口

藤森照信设计的以单脚支撑的茶室

东京上野动物园公共卫生间

地标类：观光塔、观光台等

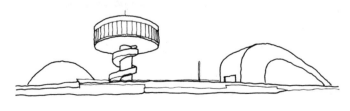

尼迈耶国际文化中心（西班牙，2011年）：传达了尼迈耶为人类提供开放空间的理念，建筑由广场、礼堂、圆顶展厅、观光塔和多功能建筑组成。广场是巨大的户外开放空间，用于举办文化活动

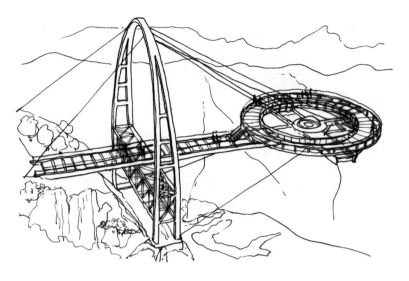

北京平谷石林峡观景台：高技术结构、材料的运用加强了人们参与自然景观的程度，丰富了体验的层次

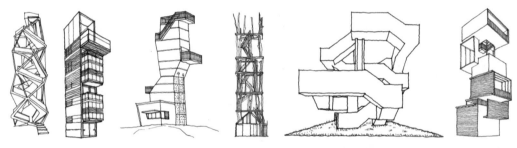

当代观光塔的设计由于材料和技术的发展呈现出更多样的形式，但其形式设计和材料选择是和环境氛围相协调的。观光塔是景观设计中重要的标志性节点，本身具有统筹局部景观、点景、升华主题的作用，它的高度取决于对视线、视野的分析

交通类：车站、码头等

阿尔山火车站

绿色交通体系的BRT公交站台

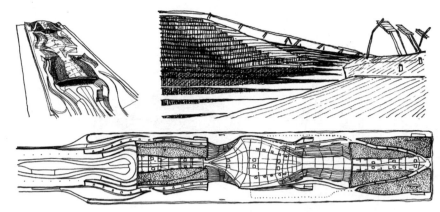

横滨国际港码头·平面

横滨国际港码头：它的形态就像中国古典园林的"舫"，有行船之感，对于屋面开放空间的塑造，有的区域在某一方向上没有明显的边缘，与另一区域自然混合，这样的空间交界处的柔性处理，形成空间上的交融和渗透，自然有机，不动声色地提供给人们多种活动的可能

展示类：与景观主题相关的展厅、展馆、温室等

妹岛和世和西泽立卫设计的蛇形画廊"凉亭"：连绵起伏的屋顶铝板结构漂浮在轻巧的柱子上，使公园内的景观不被遮挡。铝板的镜面反映着地面、树木和天空，将景观要素予以戏剧性的融合

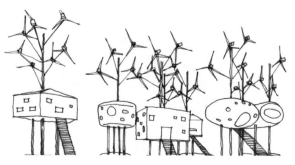

生态节能的建筑小品展示

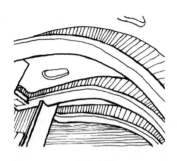

室内廊道

温室小品，一般用于花卉展示，常设于城市公园、郊野公园和博览会中，是对植物花卉的培植、展示和教育，也结合有休憩功能，其本身也是园中重要的景观节点，结构各异、造型丰富

巴西Iberê Camargo基金会展览馆：西扎设计，位于阿雷格里港瓜伊巴湖地区的一个悬崖上，面对复杂的地形和有限的场地，西扎对建筑空间进行压缩和解压，将外部的坡道从主体分离出来，构建出外向的刚性折线形式和内向的柔性曲折形式，少数的开口是精确的风景剪影，由此记录下观者体验的路径、视点和视角，对场地环境是一种尊重和回应

巴西Iberê Camargo基金会展览馆

2. 设施

在景观设计中，为满足人们观赏或休闲活动而设立的构筑物，主要特点表现为其功能与艺术性的结合、尺度和形式与环境相协调、展现文化景观和突显地域特色等。

基本类型

类型	内容
交通类	桥、台阶、楼梯和平台、隔断等
装饰类	雕塑、隔断、栏杆、花钵、水钵等
休憩类	座椅、遮阳设施等
健身游戏类	儿童游戏设施、成人健身设施、沙坑等
照明类	路灯、广场灯、庭院指示灯等
服务类	垃圾箱、售货亭、饮水台等
标识类	指示牌、宣传牌、解说牌与广告牌等

1）交通类设施：桥、台阶、楼梯和平台、隔断（如景门、景墙、景窗）等

与地势相结合的大台阶：达利（Salvador Dalí）画作，*Landscape near Cadaques.* 1923

景观桥

景观桥是功能与形式的高度统一，除满足交通功能外，有点景与强调、协调景物的作用；追求结构合理，可体现自然景观和人文内涵。

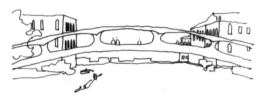

学院桥，1985年，威尼斯，奥斯卡·尼迈耶设计：有曲面屋顶的景观桥，除联系空间和解决交通问题外，为观赏城市景观提供动态视线

景观桥、阶梯与平台的结合运用，丰富景观层次和观景方式

台阶与平台

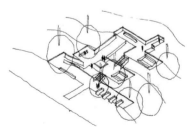

亲水平台，台阶、楼梯、平台的组合使用丰富了人们亲近环境的体验过程

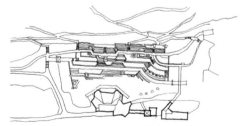

位于旧金山利用地势形成的露天剧场（LINDA JEWELL, FASLA）平面图

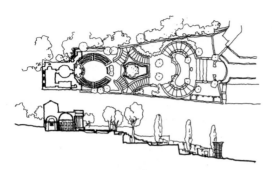

意大利式台阶平面和立面图：平台连接台阶或楼梯，提供人们驻足、休息，自然地解决了室外高差问题，这种组合形式本身就形成了景观轴线和序列

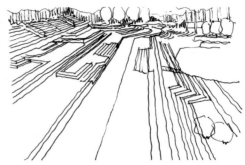

露天剧场透视图：连接阶梯的平台形成观看的开敞空间，将场地的平面布局和竖向的布置统一起来，以保证场地设计的合理性

隔断如景门、景墙、景窗

景门、景墙、景窗等隔断是界定、划分景观空间，引导人流和视线、丰富景物的景观界面。隔断可以完善空间设计理念、提升景观品质，是一种具有点、线、面和其组合的多重特性的阻隔元素。

景门

其主要作用是引导交通、分隔空间、沟通空间。景门造型多样，本身也是装饰，进行框景、引景，丰富观景层次。在现代景观规划中，景门是第一个重要景观节点，也是门面，它的气质反映着设计内涵和园内景观风貌。

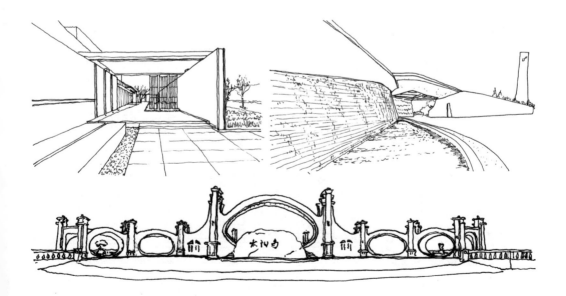

景窗

　　园林中景窗常与景墙组合，常作为取景框使空间相互渗透，使游人在游览过程中观赏到景窗后面的置石、竹丛、盆景等形成一幅幅画面，由此增加景深，起到扩大空间效果。

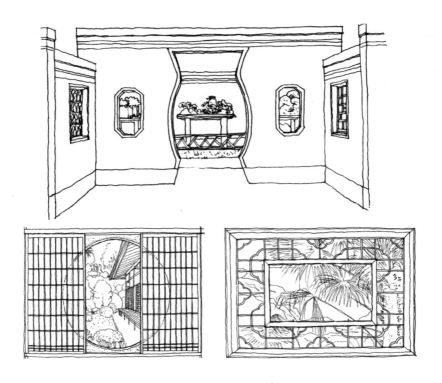

景墙

　　景墙有分隔空间、组织导游、衬托景物、装饰美化、遮蔽视线、文化宣传的作用。

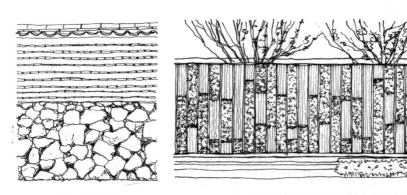

日本园林园墙　　　　　　　　　　　植物观赏墙，以绿植柔化空间界面

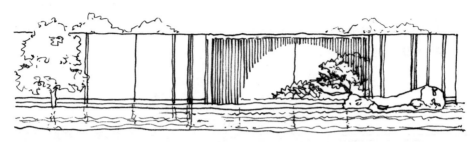

景墙不只在公园里，城市公共空间、居住区、各类建筑围墙等也多有设计，它是改善市容市貌及城市文化建设的重要手段。如图，园墙与水景结合，之间石峰、花木点缀，景物映于墙面和水中，增加意趣氛围

2）装饰类设施：雕塑、隔断、栏杆、花钵、水钵等，在满足功能的前提下，追求理念的传达和艺术感染力

雕塑

景观雕塑是具有一定寓意、象征、提升环境品质、美化城市的观赏物、标志物和纪念物。

野口勇雕塑 在景观中处于主导位置，有控制环境的作用　　**摩尔雕塑** 融于环境当中，起到点睛、升华主题的作用

强调参与性的装饰性雕塑 雕塑是固定在不同环境之中的，对于它的观赏效果要事先做预测分析

栏杆

是防护、分隔空间的构件，在景观设计中，栏杆材料的选择和形式应与环境氛围相协调，起到美化装饰作用。

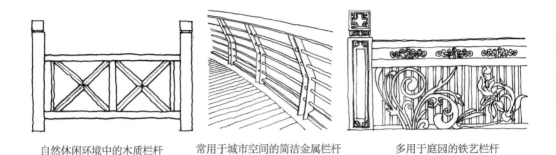

自然休闲环境中的木质栏杆　　　常用于城市空间的简洁金属栏杆　　　多用于庭园的铁艺栏杆

花钵

种花用的器皿，质地多为砂岩、泥、瓷、塑料及木制品。根据花卉的特性和空间氛围选用花钵形式。

水钵

用于环境的装饰和美化，一般设置于城市公共场所，既可以单独存在，又可与建筑物结合在一起。

用于建筑室外环境装饰　　　日本园林石水钵，供客人净手、漱口之用，也作为景观小品存在

3）休憩类设施：座椅、遮阳设施等

它们影响景观空间的舒适度和愉悦度，主要提供休憩、交谈、阅读、观景、等候等功能。当代的发展趋势不只是孤立的存在，而是结合了公共空间中人们的行为模式、自然环境、景观其他要素如植物、标识等的弹性设施。

提升环境舒适度、融于环境的艺术性休憩设施

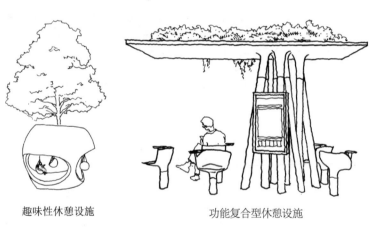

趣味性休憩设施　　　　　　　　功能复合型休憩设施

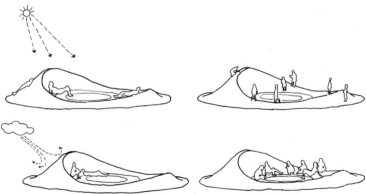

基于自然环境分析和人们行为分析的弹性休憩设施

4）健身游戏类设施：儿童游戏设施和成人健身设施等，使景观环境更加生动有趣，增强参与性。

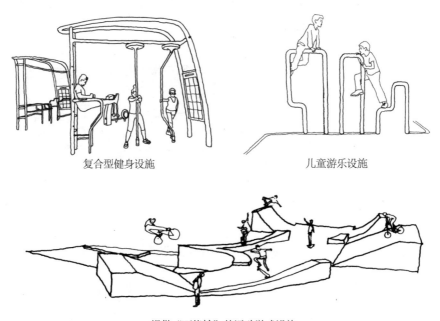

复合型健身设施　　　　　　　　　　　　　儿童游乐设施

提供"可能性"的运动游戏设施

5）照明类设施：路灯、广场灯、庭院指示灯等

要求灯具风格与整体环境相协调，多采用节能灯、LED灯、金属氯化物灯、高压钠灯。设计和安装时需注意照度、间距和基座防水。

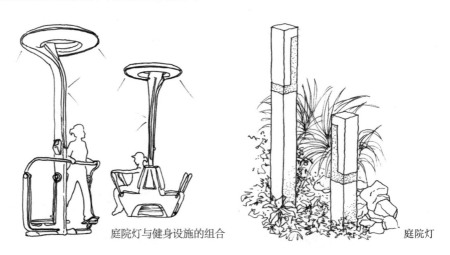

庭院灯与健身设施的组合　　　　　　　　　　庭院灯

6）服务类设施：垃圾箱、售货亭、饮水台等

与人们的游憩行为关系密切，根据游览距离进行排布，提供各种便利，集功能和形式一体，融于环境。

售货亭　　　　　　　　　　　分类垃圾箱　　　　　　　　　　　饮水台

7）标识类设施：指示牌、宣传牌、解说牌与广告牌等

有平面展示和立体展示之分，占地少、尺度近人、造型灵活和美化环境，常用于科普讲解、广告展示、精神文明教育等宣传。

指示牌　　　　　　　　　　广告展示，一般设置于道路边绿地，还有与建筑、墙体、廊架
　　　　　　　　　　　　　构筑物等结合布置

第四章
景观空间建构

　　景观设计是空间设计，也是为人们提供与外部空间交流、与自然和谐相处的环境设计。中西方古典园林都有自己较完善的空间构建体系、理论和方法，当代景观设计发展、演绎了古典造园方法，更适合于当代人们的体验方式和自然生态的演变，但无论如何发展，景观空间都是基于设计理念、视线分析、格局架构、界面围合、要素配置而产生的。

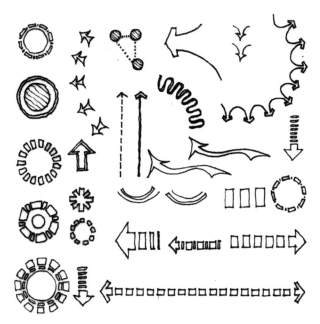

空间架构和组织的图示语言

摹自漫画家斯坦伯格（Saul Steinberg 1914—1999 美国）的城市漫画

场地规划是二维的，关注空间结构和功能分布；三维空间的深化和实施需要设计者将概念的平面向功能空间转化，对于每一处空间都从尺度、形态、质地和其他特性进行思考，以便更好地展示其用途和进行整体调节。

一、边界与界面

"我不会停留在甲方所提供的场址空间上，我的兴趣更多的是在场址与周边环境之间的关系上。我所说的地平线，就是指各个相邻空间之间相互影响的方式，它们相互依存，相互渗透，从近到远，从线到点，直到消失在地平线上。"

——米歇尔·高哈汝（Michel Corajoud，法国，景观设计师）

摹自张光宇《西行漫记》第五回第四页

一个有效的空间无论是限定的还是自由的都必然有边界和围合，不管是明确的还是暗示性的。边界能够使人认知整体空间的特征，我们可以理解为自然与建设用地的缓冲带，或是在同一空间中各景观要素的过渡实体和区域。空间的围合由底面、顶面、垂直面三个限定要素组成，其围合的尺度、形状、材质、颜色等决定了空间的特征。底面以暗示的方式界定空间；顶面的特性对空间性质有明显影响；垂直面是最明显和最易控制的要素。界定要素和组合方式的不同，空间特质也不同。

1. 边界

边界是人们认知空间的参照基准，人们通过边界认知整体空间的特征，对景观环境进行区分。边界分为封闭边界、通透边界、刚性边界、柔性边界。扩大边界空间可以为自然要素与建设用地留有一定的缓冲空间，采用柔性的自然要素边界处理。人工营造的地形、挡墙、台阶、长椅、亭廊等，自然中的森林、海滩、树丛、林间空地的边缘都是人们逗留的区域，是可能具有活力的潜能空间。

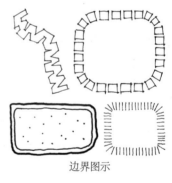

边界图示

1）地理学边界

地理学上的景观边界是指在特定时空尺度下，相对均质的景观要素之间存在的异质景观，它有利于环境中物种的生存、演替、平衡和整体生态系统的稳定。

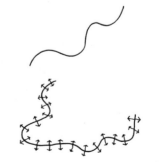

地理学上的景观边界在地图上呈现的就是一条线

2) 景观边界

可以定义为两个区域之间的界线，这两个区域具有不同的功能或特征，通过自然天成或设计限定所表现出来的线性空间。景观边界是一种连接形式，限定了空间的范围和形状，具有边界实体、过渡空间的双重属性。从生态系统的生态交错带，城市系统中的道路、河流、广场，到建筑的檐廊、墙体、外部空间的设施、构筑物等界定了从宏观尺度到微观尺度的一系列边界空间。

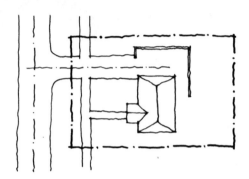

人们通过边界认知形体环境的特征，边界空间会聚两端空间的势能，是有活力的地带

城市道路和园林绿地两种用地结构有边界空间；场地中各功能分区之间亦有边界空间；在同一空间内，也存在不同层次的差别，如草坪、建筑、小广场等，这种边界可能是功能关系，也可能是视觉层次

自然要素与建设用地的交界处在功能和使用方式上具有互补性，存在较为强烈的边界效应

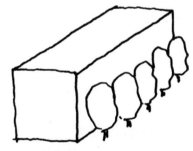

建筑、构筑物、植栽形成的边界是有背景的边缘地带，人们喜欢选择这里停留，可以感受到依托和保护

边界空间受益于相关地域资源的相互补充与组合，能更有效利用环境资源

（1）运用自然材料形成的边界

塑造外部空间时，设计者不会像建造建筑或室内那样受到材料、细部的限制，而是在人造材料和自然材料中自由、恰当地选择。用于防御的边界可修筑护城河，麦田可用拢起夯实的土堆分隔，停车场可用绿地划分，别墅的院落可由绿植围合成柔性的界面……自然要素形成的边界使人和自然和谐相处。

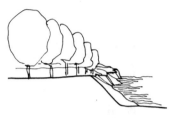

以地形变化线为边界

利用自然的夯土路径边界划分区域

边界空间具有层次性，它取决于空间的尺度，同时也具有垂直结构上的层次性（故宫护城河）

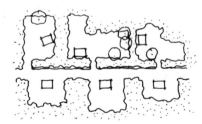

别墅院落的排布，运用植栽划分院落，满足不同尺度需求

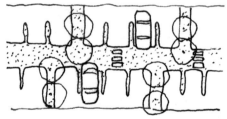

绿色停车场，每个、每组、每行车位以绿带隔离，设有汀步道以供人通过，以自然、柔性的方式处理边界

（2）运用人工材料形成的边界

人工材料更加精致，受到尺寸和建造方式的限制，能表现出人对技术和规范的驾驭能力、对空间细节的塑造和细部的精确性。比如电脑技术的使用，在处理各个界面过渡关系时能构建出自然有机的整体形态。

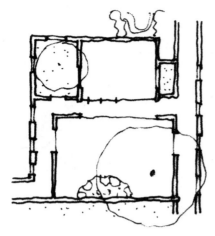

边界空间是相邻空间的中间地带，存在相互渗透的过渡环节，通过中介实现相邻空间的联系。中介性使边界具有融合相邻异质空间的特点，通过借景扩大空间视觉边界（拙政园之海棠春坞空间界面的开合处理）

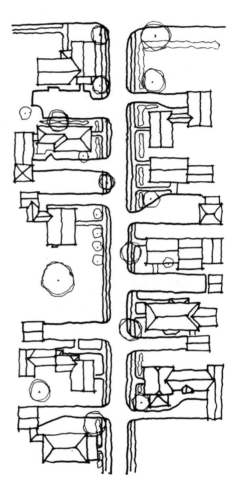

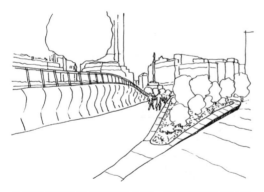

边界空间既是相邻空间的分隔，又是两空间的过渡；有的区域在某一方向上没有明显的边缘，与另一区域自然混合，形成空间上的交融和渗透

边界设定的依据是如何实现街道与入口的衔接、建筑间距、可达性、密度等，满足规范和设计要求

2. 界面

在设计过程中，我们每一个线条都是在规划空间和设置功能，这些抽象的线条都有明确的含义，即空间要素，对空间进行限定，它是土地、植被、水系、道路、建筑构建的底面；是遮风挡雨的顶面；是虚实相间的、围合的垂直面，这些界面最终要与空间规划的预期保持一致，一切好的规划设计都意味着界面之间有最佳的组织和衔接。

城市底图，显示了主次道
路、绿地和各功能片区

建筑规划与等高线和地形相协调

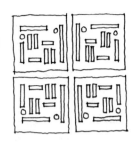

居住小区内建筑不同的排
布形成不同的方位入口、
日照和风向

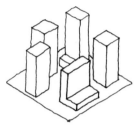

位于场地中的建筑，其本身
就是围合物、隔断和背景

作为垂直界面的建筑物结构形式要与底面的水域相协调

寻求私密的围合不需要完全
的闭合，有考究的垂直要素
即可

城市地下通道顶面的围合

连接的树冠形成的自然
顶面，形成微气候

1）底面

　　底面和用地关系紧密，是所有建设的基础，底面的规划模式大多设定了空间的主题，我们
最关心的功能和空间格局就落实在这个底面上，能看到每个空间的用途和相互关系。底面受重
力影响最大，磨损也最大，对材料的选择运用要考虑耐久性和维护，也要与立于底面上的空间
要素协调好。

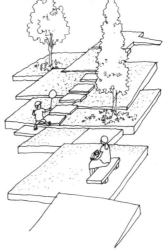

底面是地球的表面，任何调整都要基于对场地地形、特征的了解，再考虑它的用途

在底面建立起交通，顺应地形，在需要的地方时起时落，刚柔结合，使底面满足渗透、排水

在形式自由的台阶上行走是一种愉快的体验，其底面的材料、图形、尺度暗示了空间不同用途

2）顶面

在景观设计中，顶面经常被自由地对待，有时要观赏天空，有时以树冠自然地遮蔽，有时需要实在的顶面加以庇护。不同顶面的高度、面积、形状、透光率等都对应着人们不同的空间需求。

顶面围合的大小、形式、高度、厚度、图案、透明度、颜色、吸声能力都影响空间的特征和使用

顶面不仅能控制阳光、雨水，也通过自身的疏密和透明度控制光线，它也可以作为直射或反射光的光源

场地的空间和容积必须有高度上的限制，低矮或高大对人的心理和生理都会产生不同的影响

3）垂直面

垂直要素是空间的隔墙、隔断、屏障和背景，是景观空间三个界面中最常运用、最易控制的界面。垂直面的设置形式左右了室外空间的使用，对塑造空间有重要作用。

垂直界面具有围合的特性和控制视觉的功能，它不但能提供包容、遮蔽、引导，也可表明空间的特征，传达设计理念。垂直面是最清晰的空间语言，阐述着排斥、接纳和循循善诱。

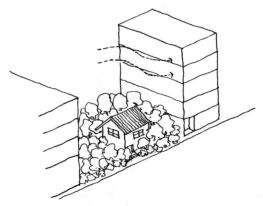

与眼平行高度的围合具有优雅的特征

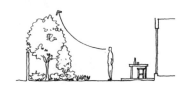

垂直面在场地中的应用要注意许多问题，需要了解规范和技术条件的支持，比如建筑物与树木对微气候的影响，楼房间易形成强风，种植耐强风树木可削弱风力，在楼群间形成微气候

拉出庭院深度的植栽，树木有高低差感觉空间较深

分散的垂直要素可形成围合感，不同尺度、形态的垂直面提供空间多重使用功能和趣味，它是边界、是引导、是桌椅、是护障、是游戏等，可以应用为主题，也可以以视觉为主导，丰富空间体验的内容

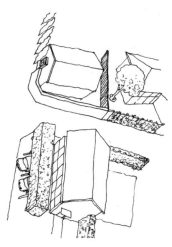

垂直围合程度只有与空间功能要求产生关系时才有意义，围合可虚可实，通过材料（墙体与植物）的变化使用、与地面关系的处理（接地或悬挑）可提供私密或半开放空间

3. 空间界定方式

底面、顶面、垂直面空间限定要素的组合方式、衔接方式不同，可界定出不同特质的空间。以案例加以说明。

种植区，底面的错位
布局便于对不同种植
进行体验，增加科普
的趣味性

形成投影的顶
面，构建了从
内部至外部的
过渡区域

原有树木对空间进
行了限定，也作为
从建筑到自然区域
的理想过渡

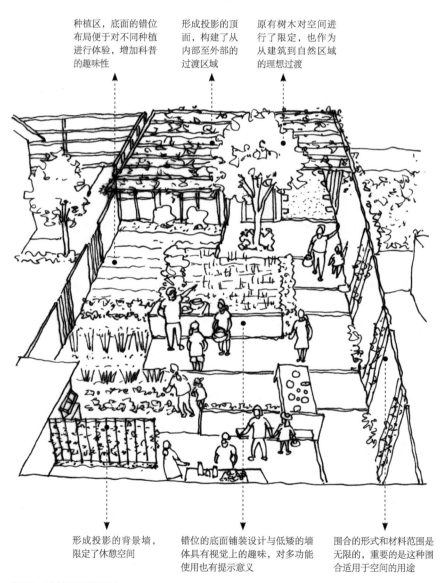

形成投影的背景墙，
限定了休憩空间

错位的底面铺装设计与低矮的墙
体具有视觉上的趣味，对多功能
使用也有提示意义

围合的形式和材料范围是
无限的，重要的是这种围
合适用于空间的用途

案例1　种植体验游乐园

作为视觉引导的植物墙

架起的观景台解放了下部空间（需满足一定活动），有眺望功能，将远处的山峰借入公园

有顶面的围合有庇护的作用，同时也避免注意力的分散，将兴趣集中于观景台方向

小尺度的汀步石与水体相得益彰，丰富了底面肌理，增加趣味性

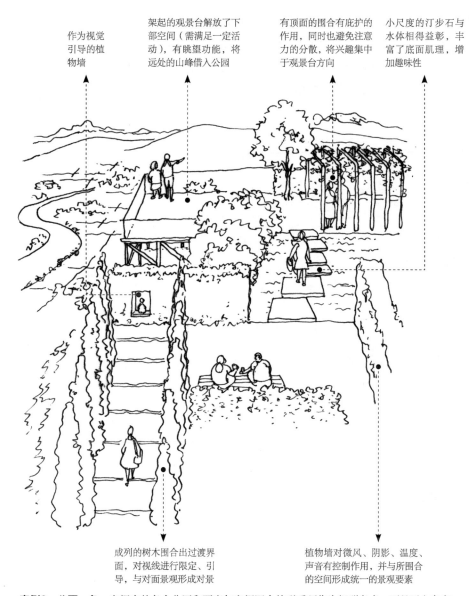

成列的树木围合出过渡界面，对视线进行限定、引导，与对面景观形成对景

植物墙对微风、阴影、温度、声音有控制作用，并与所围合的空间形成统一的景观要素

案例2　公园一角　空间内的各个分区和要素与空间围合的联系须作为组群考虑，不是孤立存在

二、视线

景观视线对建构良好的空间体系起关键性作用，须以恰当的艺术手法分析和组合视景，有效地利用景观资源。

　　景观空间构成的依据是人观赏景物时的视野范围，在于垂直视角、水平视角、水平视距与心理因素相互作用产生的视觉效果。景观空间是由空间界面高度、视点到界面水平距离和视点的均匀度构成。设计者要确保景观节点之间的视觉通畅和对节点的视觉引导，并通过视线或视廊的分析来控制景观要素的高度和分布。

摹自笛卡尔（法国，René Descartes，1596—1650）
关于人的感知系统示意图（Vision, 1644）

1. 人眼特点

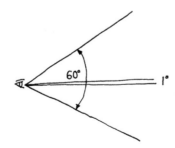

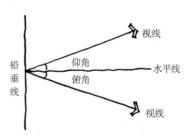

对物体远近的判断靠两眼之间的视角变化，对于较远处的景观，两眼之间的夹角对视线的观察几乎没有影响，在设计中以一点为视线

正常视线，正常人以上27°，下30°，左右60°为正常的视觉角度

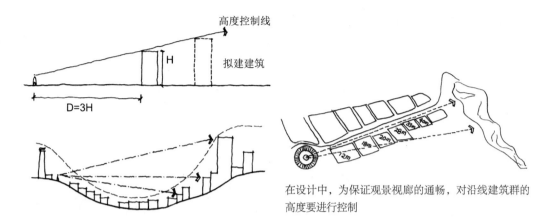

在设计中，为保证观景视廊的通畅，对沿线建筑群的高度要进行控制

视线控高：以视线分析控制建筑体量、大小、形状和形态

注：这种视线分析方式不能完全模拟人眼的视觉成像，我们不能单纯将建筑高度作为唯一衡量标准，尽可能用多重指标去评价

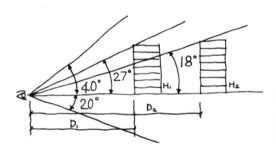

人看前方时，如果要在建筑上部看到天空，建筑物与视点的距离（D1）与建筑高度（H1）之比D1/H1=2，仰角27°时，可看到整体建筑；观察一群建筑时，D2/H2=3，仰角为18°

街道宽度的最小尺寸等于主要建筑物的高度，最大尺寸不超过其高度的2倍，即1≤D/H≤2。当D/H<1时，成了建筑与建筑相互干涉过强的空间，使人产生压迫感。D/H>2时，则产生分离感。D/H在1和2之间时是空间就有紧凑、平衡感（摹自《日本营造之美第一辑〈江户町〉(上)"商人町"》穗积和夫 绘）

2. 视点选择的影响因素

视点是指在某一点或者某一范围内可居高观察其他景物的最高地形和景点。确立视点对控制空间发展有重要作用。视点的选择取决于它的特征、在区域中的地位、影响范围、可视方向等。

在规划景观路线上，根据规模和距离合理安排视点和视域，以形成对场地资源的有效利用

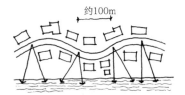

视距与视点的选择，有节奏地形成局部的视觉通廊，从每一处都能看到全景或全景的一部分

视点的选取需要现场感应和体验，比如在图纸上认为自己已经表达出完美的天际线，但可能与实际感受差异较大

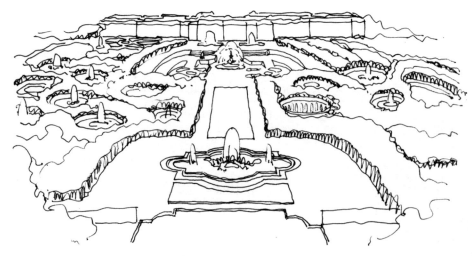

视点的影响因素：视点高度、影响范围、交通可达性、土地使用情况、景观特色、历史文化特色、标志性等（凡尔赛花园，在最佳视点，远景才显现出来）

3. 视线应用

1）平视视线

平视即人眼与目标物体连线与水平线的角度为0°，人们不用仰看和俯看就可以看到全景。当视点距离物体较近时，应用平视视线来分析开敞空间的景观通廊，通过视线廊道的控制，确定景观要素的布局。

树林环绕的峡谷，视景缺少层次和深度　　　　峡谷被拓展以后的景色：应用平视视线分析空间的景观通廊，对视线廊道进行控制，将视线引向远处的景物

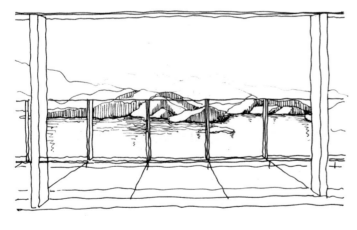

视线距离21~24m范围为正常识别距离。130~140m为近距离识别范围，如果是看清楚景物的轮廓，则距离要缩短到250~270m，在大于500m时，人眼对景物形象辨识模糊。同时，大于500m的距离，人的视线与水平线夹角很小，可以不计，作为平视视线来处理

城市天际线和建筑轮廓线都可以作为平视视线控制的范围，天际线的规划有破有立，对比协调，注重自然与人工天际线的互补作用

2）俯视视线

指观察者的视线在水平线之下，与水平线呈一定角度。俯视景观易产生开阔效果，根据摄影原理，又称鸟瞰视线。视点一般设置在高地、景观塔、建筑顶层等，以俯瞰整体空间格局，有豁然开朗之感。

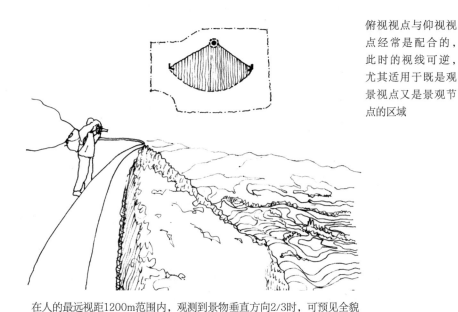

俯视视点与仰视视点经常是配合的，此时的视线可逆，尤其适用于既是观景视点又是景观节点的区域

在人的最远视距1200m范围内，观测到景物垂直方向2/3时，可预见全貌

3）仰视视线

仰视指人的视线高度在水平面之上并与水平面呈一定角度。仰视塑造雄伟、高大、严肃的气氛，主要应用在公共开敞空间。比如我们近观高耸的纪念碑其底座庞大，体型感逐渐消失，庄严、雄伟的感觉油然而生。

自然景观的气势

高耸入云的建筑群展示大都市的气势

4. 视景设计

视景是视觉空间的限定，引导人的情绪变化，通过设计来突显、强化、隐匿、保护和缓和。造景的目的是为了使视景具有吸引力，引导观者的视线，所以要对景观空间进行划分，丰富空间层次和增加视景的多样性，使有限的空间有扩大之感。中国传统园林注重各个景观之间的联系、过渡和渗透，从而使各个节点连接为有机整体，形成有节奏的曲章。常见的视景设计有分景、对景、借景、框景、漏景、添景等。需要注意的是，这些造景手法也有一定局限性，在设计中要综合其他因素合理运用。

借景打破界域，扩大景点视景空间，又借来远景扩大景深，增强空间的互动性。借景可以在园外、也可以在园内，既可"因地而借"，又可"因时而借"，既可远借、邻借，又可仰借和俯借。

以景框欣赏到的框景，是指被限定、控制的视景，如以门框、窗框、植物、洞口等有选择地摄取另一空间的景物，好像置于镜框的画，提升了建筑或构筑物的艺术效果。

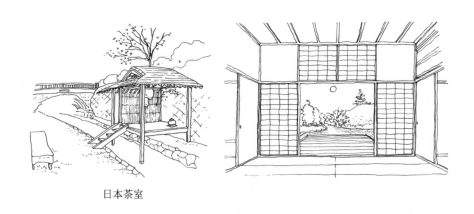

日本茶室

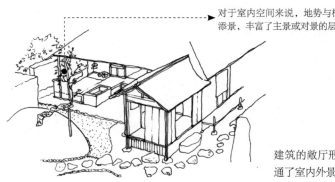

对于室内空间来说，地势与枯木是对景；枯木也是添景，丰富了主景或对景的层次感

建筑的敞厅形式将园景借入，沟通了室内外景观，扩大空间感

→ 框景

分景：将景观分成若干空间，以实现景中有
景、园中有园，虚实相间；有障景和隔景之分

借景：将园外佳景纳入园内，
沟通了园内至园外的景观

三、轴线

　　轴线是连接两点或更多点的线性规划要素，它可以是一条主路、一条商业街、一个广场、一条河、一系列院落……是最基本的形态秩序之一，轴线使整体空间要素得以组织、发展和生长，是控制空间格局的基准和中心。

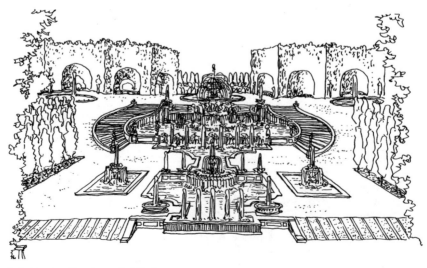

摹自法国造园师昂德雷·勒瑙特亥（Andre Le Notre, 1613—1700）的商迪府邸园林设计图

1. 内容

　　轴线是一条抽象的线，以此为基准将景观各要素串联和组织起来。可以说，这是设计者为体验者设置的强制性的观赏廊道，对视线具有持续性的导向，将人们从一点吸引到另一点。

　　景观轴线分为主轴线和次轴线。

　　主轴线：主轴线不一定只有一条，可以是多条。

　　次轴线：主要节点之外有次要节点，次轴线自主轴线向两边渗透连接次要节点。

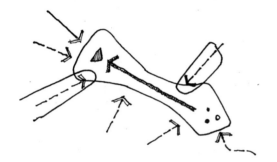

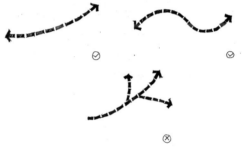

主轴景观和次轴景观既具有空间的功能，也可以是一条道路

轴线可以是直的、也可以是弯曲的（比如罗马的西班牙大台阶），但不可分叉

2. 类型

1）单轴

单轴是由一条轴线将景观空间或景观要素串联。

单轴用一条线性基准将空间功能体块和景观要素组织成统一状态，构成单轴的可以是连续的实体要素，如建筑、广场、街道、行道树等，也可以是空间形态要素，产生心理上的轴向空间线。

单一轴线的特点具有明显的导向性，轴线呈直线形态，有时会在平面上发生转折、偏移以适应地形或历史空间要素。单轴会形成对称的空间格局，其控制下的景观要素呈现出秩序严谨、统一的特征。

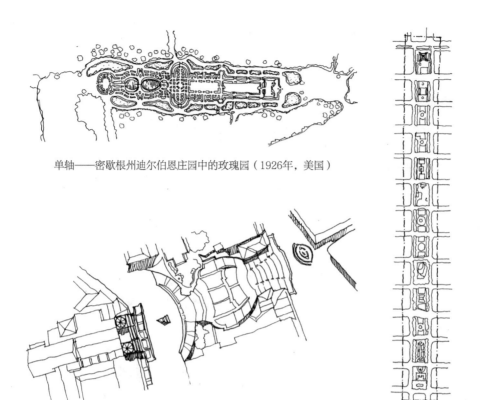

单轴——密歇根州迪尔伯恩庄园中的玫瑰园（1926年，美国）

罗马西班牙大台阶——轴线可以是弯曲的   单轴——日本大通公园

2）组合轴线

组合轴线可分为相交轴线和平行轴线。

• **相交轴线**：两个单轴之间，或者其延长线之间有交点，形成相交轴线。当两条轴线垂直相交时，形成十字轴线，是轴线手法中将控制性和规则感发挥到极致的体现。

• **平行轴线**：轴线间是平行的关系，相对独立、方向相同，形成景观在空间形态和视觉上的延伸与扩张。

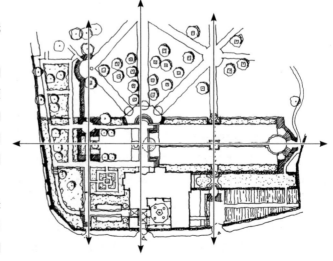

交叉轴线——英国松宁的狄勒瑞住宅花园

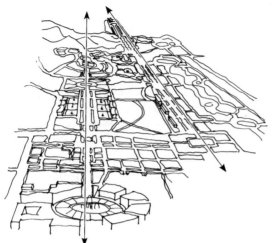

为了避免单一，突出平行轴线严肃、规整的特点，通常采取次轴烘托主轴的造景手法

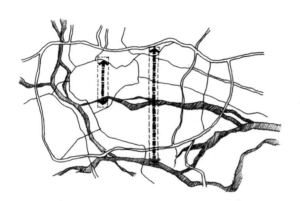

平行轴线——广州城市中轴线分传统中轴线和新中轴两条

广州新轴线空间序列

3）放射轴线

放射轴线是以一个中心为原点，将一条单一轴线进行有规律的旋转，形成扇形或圆形的辐射状的多轴线形式。这种轴线呈现的结构秩序向外逐渐衰减。放射状布局方式使各景观要素获得形式上的统一，具有强烈的形式感。

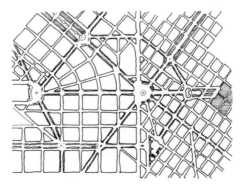

伯纳姆规划，城市美化运动，丹尼尔·伯纳姆1909年的芝加哥规划，采用古典主义和巴洛克的手法设计城市

 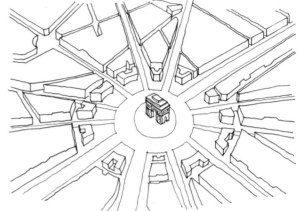

意大利Palmanova的原始平面图，沿用文艺复兴时期设计理念，用对称放射状的几何形来布局

巴黎香榭丽舍大道，放射轴线向心交汇，形成一个中心，这个中心无论在视觉上还是功能上都占据主导地位；各景观要素围绕它以辐射状延伸，形成放射布局特有的秩序

3. 特征

1）主导性与方向性

　　轴线一旦确定，其他景观要素就以此为基准直接或间接地与其发生联系，由此有条理地控制空间格局。主导性特征是轴线组织空间秩序、引导视线、组织功能的基础；轴线也是一条动态的规划线，通过塑造空间来引导外向型运动，轴线规划的观赏点和终点可以互换，但它们必须能同时表现起始空间、中间空间和终点空间。

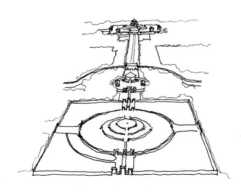 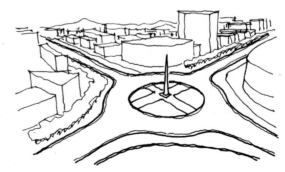

轴线规划中的观赏点和终点可相互转换

轴线是一条动态的规划线，通过塑造空间来引导外向型运动

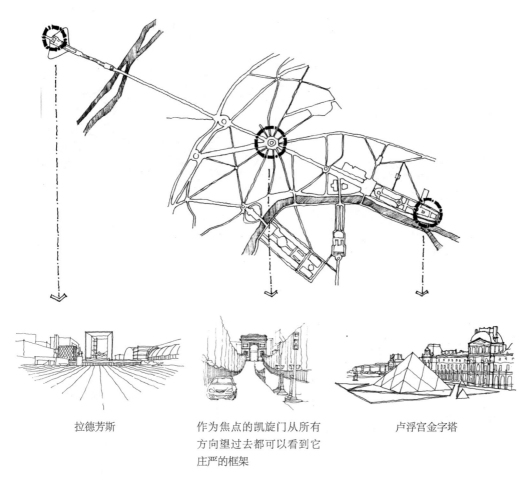

拉德芳斯

作为焦点的凯旋门从所有
方向望过去都可以看到它
庄严的框架

卢浮宫金字塔

香榭丽舍大道：轴线作为行动、使用、视觉的路线，需要在同一廊道中创造对景，结合起始、中间、终端空间进行整体统一规划，使其具有合理性。轴线的终点或中点在功能上也可能是其他轴线的终点或中点，以使更多的区域聚焦于同一点，紧凑地将景观各部分统一起来

2）统一性

轴线将原本有序或无序的要素统一在一个有序的整体结构中。轴线可以贯穿于整个组合，以强烈的秩序性控制着各个体块。轴线表明人类凌驾于自然之上，端正、严肃、规矩、有仪式感，意味着权威、国民、宗教、古典和不朽等精神意义。

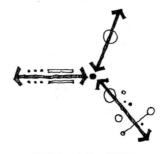

轴线是一个统一的要素

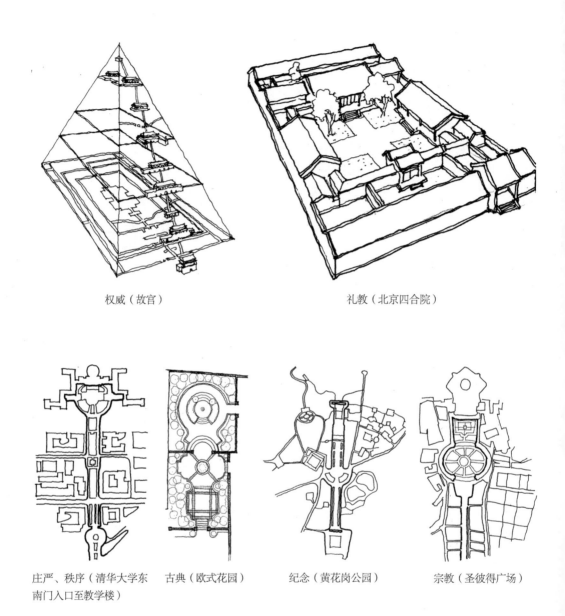

权威（故宫）　　　　　　　　　　礼教（北京四合院）

庄严、秩序（清华大学东　　古典（欧式花园）　　纪念（黄花岗公园）　　宗教（圣彼得广场）
南门入口至教学楼）

3）均衡性

　　指轴线所控制形体的形状、大小与轴线的距离都不完全相等，但仍使人们感觉分量相当，没有偏重和主次，呈现的依然是动态平衡的状态。

　　均衡性也是轴线的消极作用，由于人们的兴奋点多集中于轴线关系中，物体本身的个性就容易消融在轴线中。反之，如果物体的位置并不显著，利用轴线框架可以提升它的重要性。

邻近一条有力的轴线削弱了物体原本的个性，相反，轴线可以加强要素之间的联系，将它们纳入到整体构图中，使其更有价值和引起注意

4）连续性

这是线性要素产生的基本视觉效果，在轴线控制下，各要素在形态上趋于一致并保持连续。

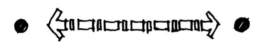

景观对景形成的轴向关系（虚）

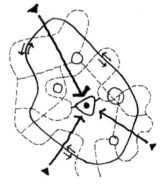

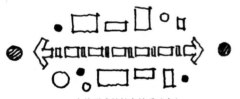

实体形成的轴向关系（实）

轴线空间的连续性产生的序列使人通过移动形成完整的空间体验

有时，使用轴线也不一定对称布局，它可以是一条强有力的视觉引导线。如合理的环路设计都含有主次入口、主要和次要节点、标志物、主要路线、次要路线，做到各个区域至相关点的通达性。景观对景形成的轴向关系（如核心标志物对视觉的引导）便于人们经过环路后到达相关点

4. 运用

（1）具有震撼力的轴线需要有适当的终点，而具有震撼力的设计通常在形式上也有轴线型入口路径。

强有力的轴线需要一个具有震撼力的终端

埃菲尔铁塔

（2）节点景观最好位于规划线的汇集点上。

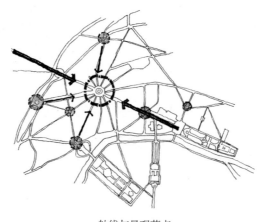

轴线与景观节点

（3）轴线沿一条给定的入口线路展示出来，需要控制性景框和建成的观赏点。

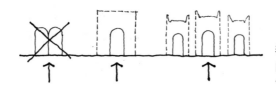

轴线对景的入口应是1个门或3个门，对准中央，因为要传达的是"迎接"而不是"障碍"

（4）轴线的使用不一定会支配对称布局的发展，对称布局的要素是相同的，围绕中心点或在轴线两侧形成平衡。对称的布局要有相应对称的功能。

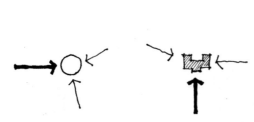

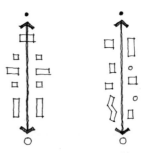

轴线终端可以是一个空间，也可以是一个物体，主轴和次轴不必是垂直的

我们会认为轴线两侧是对称的，但实际并不这样，表现出来的是围绕中心点和中心线两侧的对应面在大致形态和功能性质上要形成平衡

四、序列

序列是一系列连续的感知，景观序列是自然或人文景观在时间、空间以及意境上按一定次序有序地排列，探索的是各空间之间的组织方式与人们动态体验之间的联系。序列通过引导行进路线上空间构成元素的有序组合来构建路径的连续性，使路线的变化能在不同景观要素的引导下有序地展开。

景观序列具有主题性，有明确的主题联系着整条空间线索；具有节奏感，是关于时间和频率的设置；具有冲突性，这源于实际环境与人们心理预测之间的矛盾，产生了强烈的对比。

摹自穗积和夫《日本营造之美第一辑〈江户町〉（下）"目黑不动堂"》

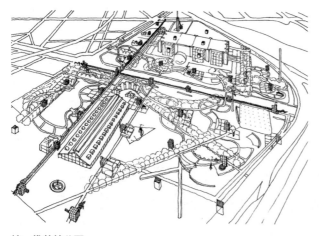

拉·维莱特公园

设计的序列可以是精心组织的，也可以特意营造出随意感。但需要指出，不是所有设计都要呈现空间序列，有的设计为了呈现某种理念而将空间组织成特殊条理化，如由点线面的系统形成的拉·维莱特公园景观，这种规划设计挑战传统秩序，对空间进行分解再重组，打破序列节奏，分解视线，渲染情绪，展现一系列实体要素，以此引发一种哲学观念

1. 内容

序列关系到景观整体空间结构和布局的问题，它使人们可以在行进的过程中将景观节点连贯成完整的动线，从而获得良好的动观和静观的效果。序列由起始、过渡、高潮、结束几部分构成。一个大序列往往由多个小序列组成。

1）基本序列

起始（起景）——过渡（前景）——高潮（主景）——结束（结景）

2）完全序列

引导（序景）——起始（起景）—— 过渡（前景）——高潮（主景）—— 尾声（后景）——结束（结景）

序列是对空间元素有意义的组织，通过序列的提示，人们会产生行动驱使，所以一旦从起景开始，序列便展开，它引发的运动应是合理的、可感知、可体验的过程。

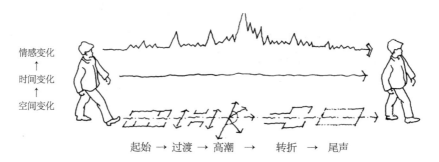

空间序列与人的情感变化 通过与区域外环境的隔离、转化、氛围渲染、目标提示等手段，使游人在心理上向既定目标归位

例：城市街道景观序列 景观序列展开后通过不断的空间变化如开合、疏密、曲折、虚实、高低变化来展示

序列的起始：通过造景，将人的注意力集中到设定的环境氛围中。

序列的过渡：是序列展开后不断发展、渐入佳境的部分，通过不断的空 间变化和不同景观类型的组合，为展示主景进行的环境烘托空间；是景观序列展开后又没有到达主景前的景物，通过不断的空间变化如开合、疏密、曲折、虚实、高低变化来展示。

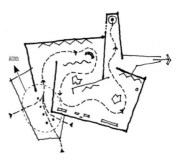

序列演进的设计

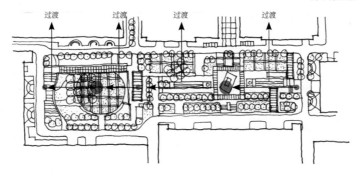

序列的高潮：是序列的标志性景观，揭示景观主题，并统领全局景物，是景观意境最强烈的空间。一个高潮也可以是另一个高潮的引导，设计中要控制高潮出现的时间、强度和演绎过程。

广州新轴线序列的高潮——小蛮腰，利用最具特征的景观要素突出其规模和显著位置；设计中要控制高潮出现的时间、强度和演绎过程

序列的结束：是高潮之后为衬托主景而设立的令人回味的空间，使游人的心态在激动之后逐步松弛下来。

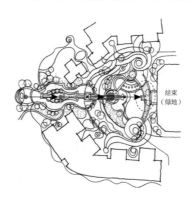

2．类型

1）垂直序列

利用景观空间上的垂直变化，由下向上将几个不同高程的景观单元组成竖向空间序列。其空间形态的高度、宽度、深度都会对体验其中的人在心理上产生纵深感。由于垂直序列在立面上就呈现远近、主次景观的变化，也就暗示了行动路线，引导人们走向主景。

2）水平序列

一种线性导引序列，利用线性组织为景观秩序注入时间因素，将游览线和视线加以控制和引导，空间的开合随着游览线的展开而变化，并利用设下伏笔的手段，使序列留有余韵。

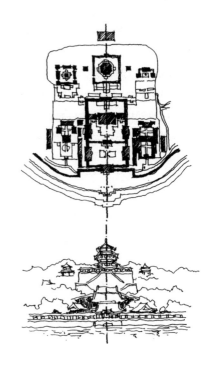

颐和园排云殿

雅典卫城　在山腰穿插一些时高时低的起伏变化；从观景角度看是"仰视—平视—俯视"的视角变换

- 串联式空间序列，具有较明确的轴线，呈现严谨、庄重、礼教、古典的风貌，如中国传统多进院落、纪念式园林、西方宫殿园林等。

- 环形空间序列，中国传统园林多属于这种闭合的环形序列，通过空间的引导、起承转合、对比和渗透，为游人带来步移景异的丰富的空间效果。

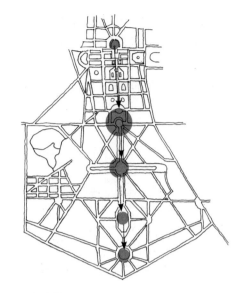

凡尔赛花园

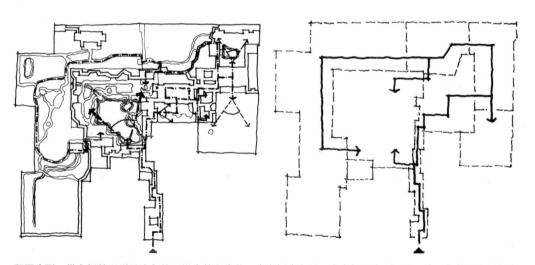

留园序列　借空间处理引导人们按照设定的程序从一个空间步入另一个空间。序列不是一成不变的，它的各个构成部分在功能上可以相互转换

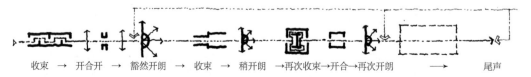

收束　→　开合开　→　豁然开朗　→　收束　→　稍开朗　→再次收束→开合→再次开朗　　　　　→　　　尾声

留园序列　水平序列着眼于空间的开合变化与路线的迂回曲折，空间的水平变化有放射空间、开敞空间、半开敞空间、封闭空间等

　　环形空间序列无论是由顺时针还是由逆时针游赏，都能获得良好的观景效果。现代景观设计为适应当代需求，多采用多入口、多区域设计，以主景区为构图中心，重点突出，主从分明，有明显的对比关系；造景通常是开门见山，不追求幽深感，使人易于了解自己的方位，在头脑中形成清晰的意向，诱导人或停留，或转向，或前行。

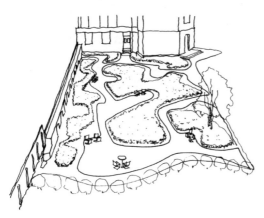

西班牙奥唐纳花园　一系列斑块穿插于蜿蜒小径中，同样展现开合变化与路线迂回曲折的空间序列。在大型景观规划项目中，一般以闭合的、围绕主景的主环线交通连接各次要景区，每个景区又分为主景和次景，以环形序列或串联序列予以组织

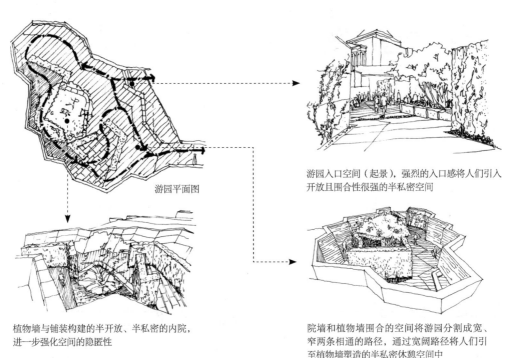

游园平面图

游园入口空间（起景），强烈的入口感将人们引入开放且围合性很强的半私密空间

植物墙与铺装构建的半开放、半私密的内院，进一步强化空间的隐匿性

院墙和植物墙围合的空间将游园分割成宽、窄两条相通的路径，通过宽阔路径将人们引至植物墙塑造的半私密休憩空间中

某小游园的序列组织

3）意境序列

在序列组织中，通过对景观的命名，有层次地进行空间的主题创造，是其升华的精神空间。通过"深藏不露、出其不意"的空间序列的展开和体验，借助于人们逐渐专注的心情和渴望被触动的期待，从心理上诱导人们探索主景。

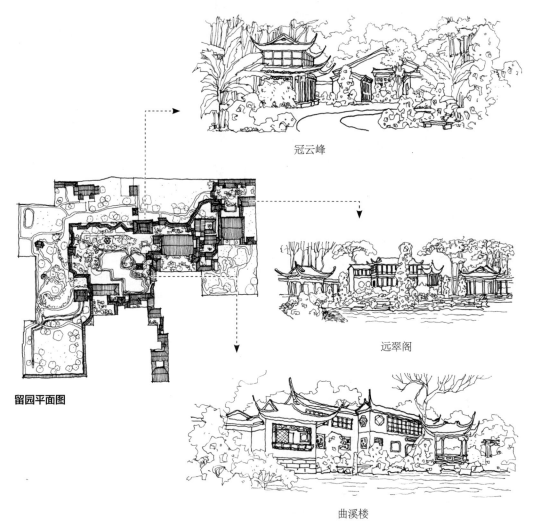

冠云峰

远翠阁

留园平面图

曲溪楼

3. 特征

1）多样与统一

多样性的空间总能呈现优美的轮廓，景观序列表现出扩散、辐射、离心等状态，使视角多样，并注重自然景观与人工景观的承接关系，"巧于因借"。

2）节奏与韵律

即景观空间的转换、过渡、交替，主次分明，节点尺度和规模把握有度。

3）情节与意境

序列由不同的空间形式和建筑要素组成，具有不同程度的控制性和引导性，通过视觉传递信息和精神，进而影响人的情绪。序列就像讲述一个故事，营造曲折、变幻的情节，使人沉浸在各种氛围意境中。

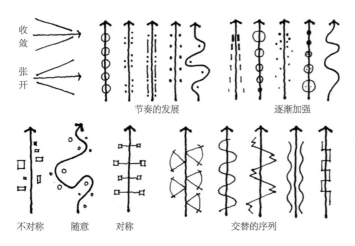

各种序列的抽象表达：箭头指示的路径为序列发展的进程，是一种强度、复杂性、围合性、情绪波动过程的演进

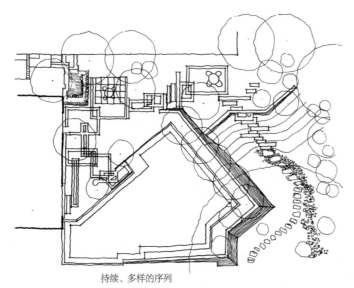

持续、多样的序列

多样与统一

序列可能是简单的、综合的、复杂的、持续的、间断式的、分散式的、聚集式的、短暂的、漫长的，或是强有力的

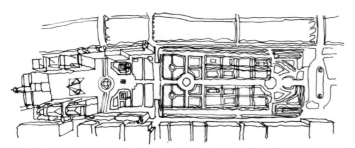

卢浮宫花园，串联式空间序列，以院落大小、开敞与封闭的对比，获得抑扬顿挫的节奏感

节奏与韵律

序列以多种空间特性如尺度、形状、颜色、光照、质感等反复出现，其节奏和韵律也会表现明显，从而引发运动主体的情感波动

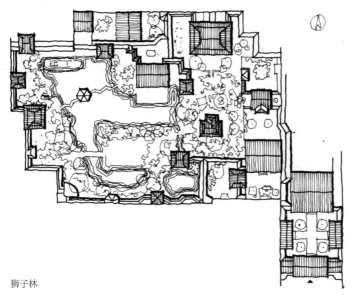

狮子林

情节与意境

中国园林的空间序列讲究导引有序，即单调、冗长的空间会消减游兴，短促又了无兴致，需通过各种空间组织手法来形成景的显与隐、露与藏，以引景、对景、借景等手法来呈现立意，塑造意境；通过空间体量、形态的对比或有节奏的变化引导人的路线，进行情节的展开

4. 序列设计

（1）设定游线：对人们体验景观的游览路线进行设定。

（2）分配空间：对游线、视线进行把握，分配节点空间，创造动态空间序列。

（3）建构意境：设置序列的主题，确定各个空间在序列中的角色和作用。

（4）控制重点：利用路线的设置对各个空间的感受时间进行调配、对比，对高潮空间进行重点设计，控制过渡空间的感受强度。

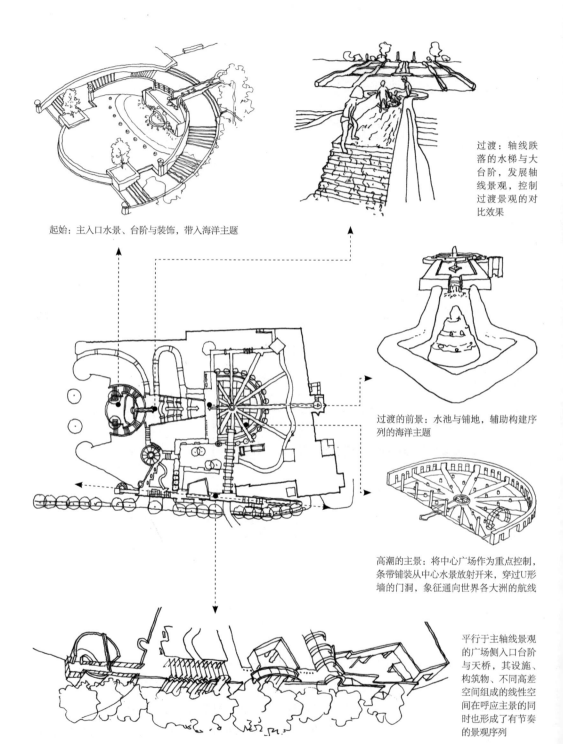

过渡：轴线跌落的水梯与大台阶，发展轴线景观，控制过渡景观的对比效果

起始：主入口水景、台阶与装饰，带入海洋主题

过渡的前景：水池与铺地，辅助构建序列的海洋主题

高潮的主景：将中心广场作为重点控制，条带铺装从中心水景放射开来，穿过U形墙的门洞，象征通向世界各大洲的航线

平行于主轴线景观的广场侧入口台阶与天桥，其设施、构筑物、不同高差空间组成的线性空间在呼应主景的同时也形成了有节奏的景观序列

日本神奈川县山下公园新广场（以串联式空间序列为例）

五、节点

景观节点是有些抽象又广泛的概念，它是一个视线汇聚的地方，是游人进入景区的引导点、观赏点、游憩点，景观效果突出。节点突出本身特色的同时将全局串联在一起，体现规划设计意图。

景观节点设计的根本是突出景观资源价值。在设计的过程中，以资源价值为主导，把握景观设计整体风貌，结合功能来确定节点的数量和节奏，使游人感受与体验到景观的丰富性。

摹自Coplestone Warre Bamfylde, *A View of the Garden at Stourhead with the Temple of Apollo*, 1775.

1. 内容

节点是景观的"核"，是构成景观体系的重要元素，附和景观主题。节点是集合的场所，一般设置于道路交叉口、空间结构的转承处等，使游人得以进入具有重要景观地位的焦点。

在景观设计中，节点的有效配置除了应遵循突出景观资源，协调功能，考虑好节点的影响范围，还要保证序列完整、丰富多样和提升空间格调，应避免生态破坏和设计单一、雷同等弊端。

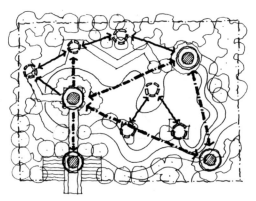

节点图示

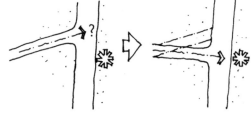

节点将全局串联一起，体现设计主题，发挥场地里各处空间的景观资源价值

节点应对应路径，与路口形成对景，将人的视线吸引至此处

节点是景观主题或特征的集中地，主次节点的设置控制着景观序列和空间节奏

2. 分类

1）城市广场

包括市政广场、交通广场、门户广场、街头游园等，是空间、区域、场地等，是人们行为活动的景观节点，如休憩、观赏、交流的公共空间等。

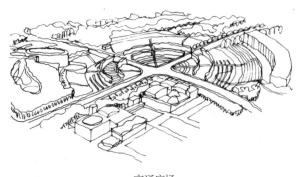

交通广场

<table>
<tr><td>入口门户景观</td><td>街边绿地</td><td>街头游园</td></tr>
</table>

2）标志性构筑物

位置突显，具有形象代表意义的构筑物。它们具有视觉景观节点的功能，通常设置于视觉轴线起始点、中点、终点，是重要节点，升华空间基调。

3）山体、水系节点

山水作为自然要素的集中点和生态廊道的交会点，本身就属于生态节点。为了凸显它们的生态景观价值和强调自然资源价值，会设置具有文化内涵的建筑、院落及构筑物等主、次节点，让人们体验其中，将游赏、感受和保护等理念融入到规划路线中。

山体节点 指山系中的重点峰峦和景点，建筑节点的设置突出景观资源的价值，形成有序列感的游览路线

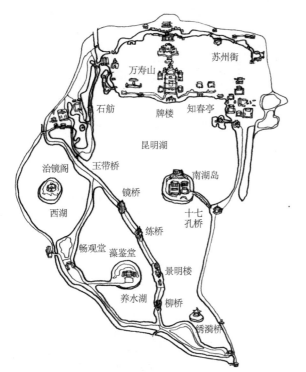

水系节点 是指水系的交汇或扩展部分，以建筑、景观构筑物或设施予以明示，丰富水域景观和参与体验，创造更加广阔的效果，如颐和园水系节点景观

3. 设计

（1）景观节点应根据历史文化、区位条件、功能布局、构成要素等确定主题和明确景点类型。

（2）从视觉景观与人们的行为活动角度考虑，控制景点之间的关系，使观者清晰地感受节点本身和整体环境特征。

（3）全局统筹规划并突出各个节点特色，将其串联在一起，平衡各景点的尺度、规模，体现出设计主题。

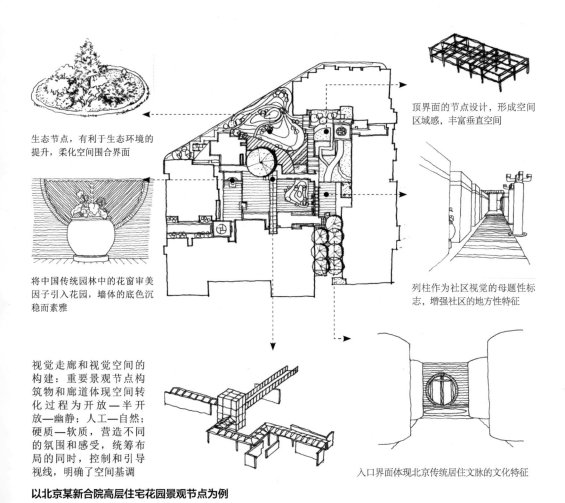

生态节点，有利于生态环境的提升，柔化空间围合界面

将中国传统园林中的花窗审美因子引入花园，墙体的底色沉稳而素雅

视觉走廊和视觉空间的构建：重要景观节点构筑物和廊道体现空间转化过程为开放—半开放—幽静；人工—自然；硬质—软质，营造不同的氛围和感受，统筹布局的同时，控制和引导视线，明确了空间基调

顶界面的节点设计，形成空间区域感，丰富垂直空间

列柱作为社区视觉的母题性标志，增强社区的地方性特征

入口界面体现北京传统居住文脉的文化特征

以北京某新合院高层住宅花园景观节点为例

第五章
设计过程

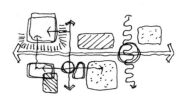

　　景观设计的复杂性主要在于它的综合性和交叉性，以及设计项目类型不同所带来的差异性，针对一个设计目标，可能100个人会有100种答案，解决的途径和过程也是多变的。

　　有些景观项目的设计过程并不是按部就班推导出来的，但即使存在这样的偶然性和复杂性也具有相当程度的确定性可寻，概括起来就是功能和形式的关系，它们相互对立、此消彼长又相互统一；有些项目需要呈现特殊的文化特征或某种技术，此时相应的解决策略就会成为决定成败的焦点。但是从知识传授角度讲，几个基本点还是要一步步地来，从功能到形式，从理念到实践，这其中还有人的因素，包括出资方，以及设计对象本身的背景、脉络和属性，景观设计最终还是要塑造空间和人的体验，解决自然或城市的问题，设计过程中允许很多种可能并存。

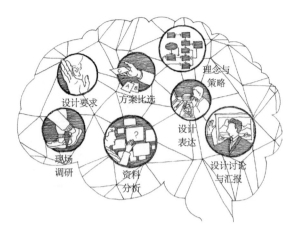

一、景观设计流程与成果文件

1. 景观设计流程

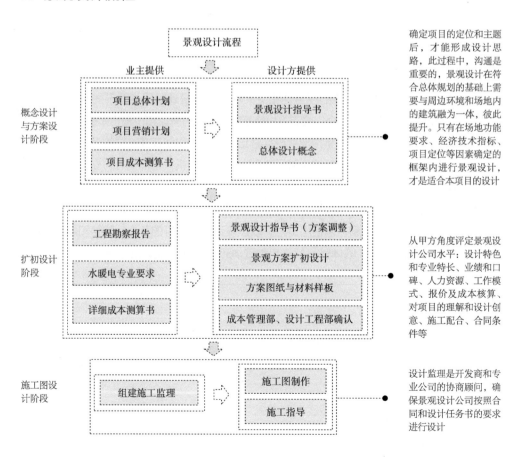

确定项目的定位和主题后，才能形成设计思路，此过程中，沟通是重要的，景观设计在符合总体规划的基础上需要与周边环境和场地内的建筑融为一体，彼此提升。只有在场地功能要求、经济技术指标、项目定位等因素确定的框架内进行景观设计，才是适合本项目的设计

从甲方角度评定景观设计公司水平：设计特色和专业特长、业绩和口碑、人力资源、工作模式、报价及成本核算、对项目的理解和设计创意、施工配合、合同条件等

设计监理是开发商和专业公司的协商顾问，确保景观设计公司按照合同和设计任务书的要求进行设计

2. 成果文件

概念设计阶段是最具有创造性的设计阶段，考验设计者的创意、综合设计水平和经验。经过现场调研和与甲方的交流，主要了解场地的自然特性、发展因素和任务要求；总结设计发展的可行性和局限性；收集相关案例，研究方式、方法，形成主题意向和设计策略。设计内容包括景观概念设计的要素研究、综合地势概念平面图、种植区或水系景观平面图、人、车流交通分析、区域内有代表性的节点图、呈现设计构成要素的总平面图等。

阶段	设计内容
概念设计阶段	概念设计的要素研究，可行性及局限性分析
	现状分析图
	景观空间结构图
	功能布局图
	景观视线分析图
	街道、人、车流分析图（交通分析）
	绿化分析图（种植、水系）
	景观重要节点图（空间区域或构筑物、入口等）
	景观设计总平面图，呈现该项目的构成要素，从全景到单一的建筑和公共设施（或综合地势概念平面图）

方案设计阶段精简概念设计阶段的研究，把深入发展的空间逻辑和要素特征体现在初步平面图纸上。设计内容有：总平面图、地面铺设图、水景图纸、材料图纸、局部放大图、竖向图、重要景观的透视效果图和设计说明文件等，有时需要综合设施管网图。

阶段	设计内容
方案设计阶段	总平面图
	地面铺装图与材料图纸

阶段	设计内容
方案设计阶段	植物配置、水系图纸
	竖向图
	局部放大图
	景观节点透视效果图
	设计说明书

扩初设计是对景观方案进行深化设计，是对项目和方案进行深入解读，对局部和细节进行仔细推敲的过程。设计中，各部门之间的沟通更加紧密，以深入讨论扩初设计的主题和设计发展趋势，协调建筑、结构和水电的要求。图纸内容对比方案图纸更加详细和具体，一般包括：场地平面图、硬景平面图及参考材料、竖向图、构筑物的剖面和立面图、种植平面图、设备电气图等。景观材料的选择要考虑发展商的成本核算，尽量使用本土景观材料。

阶段	设计内容
扩初设计阶段	铺装平面图及参考材料
	硬景设计各元素的详图
	种植平面图
	设备电气图
	建筑及构筑物的剖面图和立面图
	工程概算

施工图设计阶段是根据扩初设计成果，配合详勘报告，进行施工图详细设计，深度要满足施工和安装要求。内容主要包含：分区配置索引图、基地标准图、平面配置图、尺寸放样图、高程系统图、景观工程施工规范、材料说明表、要素配置图、铺面详图索引平面、设施大样图、植栽表和植栽标准施工图、综合管线详图、建筑及构筑物施工详图等。

阶段	设计内容
施工图设计阶段	分区配置索引图
	基地标准图
	平面配置图
	尺寸放样图
	高程系统图
	景观工程施工规范
	材料说明表
	铺面详图
	植栽表、植栽标准施工图、配置图
	设施大样图、造型详图
	建筑及构筑物施工详图
	综合管线详图

二、景观设计过程

1. 方案设计过程

　　景观设计过程一般分为概念设计、方案设计、扩初设计和施工图设计，这里仅以概念和方案设计为例来说明景观设计的过程，虽然这是设计的最初阶段，但呈现的创意和构思是决定设计方案成败的关键。只有在生动、合理的框架下发展，场地才能被充分地利用，从而激发出它潜在的价值。

　　方案设计过程首先要根据任务要求进行场地调研，记录场地规模、现状条件和周边环境信息；其次，进行资料分析和相关案例的解读，以了解设计途径和前沿理念；第三，形成设计目标和总结设计策略；第四，用图示语言、意向图片、文字说明呈现设计理念；第五，进行方案比选，通过团队讨论选择最优方案（在方案立意阶段，建议团队设计者们都进行理念构思，通过这个参与过程使每个人了解项目要求和熟悉任务）；最后是设计图纸的表达，从分析图、要素组织到空间效果展示。

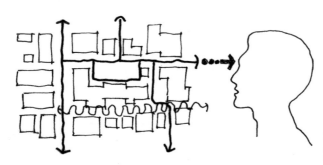

1 现场调研，了解周边环境和交通

2 资料分析，了解项目的脉络、任务要求、相似案例的解决方案，获取相关数据

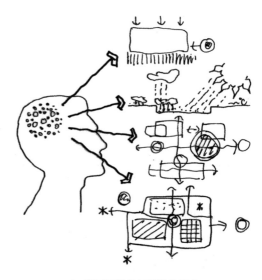

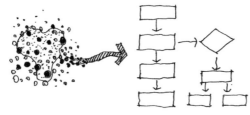

3 设计目标和设计策略，形成主题意向

4 以图示语言呈现设计理念

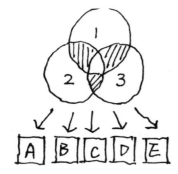

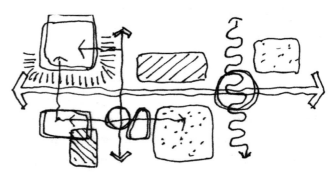

5 方案比选，权衡利弊，寻找最佳设计路线

6 方案表达与分析（草图—图纸）

2. 现场调研与资料分析

设计方在与业主商议项目时，需要了解整个项目的概况，细读"设计任务书"，列出各项要求，这是形成设计意图和制定设计策略的前提和基础，包括项目投资、建设规模、项目性质、设计周期等。然后，双方共同至场地踏勘，熟悉基地情况，设计方要收集设计前必须掌握的原始资料。场地调研要多用些时间，或者多去体验几回，加深对场所的理解，以形成针对性的解决方案而不是普适性的设计。

	序号	调查与研究事项	研究方法	主要表达方式
环境资源认知	1	资源要素分析（历史、社会、经济、生态、视觉、交通等）	观察（地图、路径体验、俯瞰、注释等） 测量与绘图 上位规划、现状图分析、问卷调查或数据分析、前景假设	摄影 数字、符号、图片、图表 文字描述
	2	地理认知（气候、温度、光照、地形地貌、土壤、水文、植被等）		
	3	人文景观认知（文化遗迹、特色建筑等）		
景观空间认知	1	相似类型案例解读	网络搜索 近距离观察、采访相关案例调研 档案分析	图示与文字说明图像演示 建模
	2	景观构成方式和空间组织模式分析		
项目评价	1	行为研究与视觉评价	结构 反思（局限性与可行性） 创造性干预	照片 图示与文字说明图表或框架图
	2	逻辑论证（形成设计目标）		

3. 总体构思与设计策略

（1）从场地到场所

景观设计是关于如何安排场地及场地中的物质空间要素来为人们创造安全、健康、舒适、艺术的环境设计。由于涉及很多学科的知识和理论，也有设计项目本身的现状问题和复杂性，我们常常苦恼于如何形成设计理念和设计途径。好的景观设计往往表现出强烈的场地意识，所有设计内容围绕场地信息处理，通过土地配置、空间组合、要素组织、视觉景象的设计来展现其独特的景观特质，或人文的，或历史的，或自然生态的。但要使创造的空间具有持续的生命力和活力，就涉及到对人的使用、活动、情感的思考，使其成为场所——有行为的场地，承载活动与情感的容器。场所一定是有性格的空间，不仅需要设计者考虑空间逻辑、景观元素、施工工艺，也要考虑场地文脉、人们的参与度与停留时间，以高线公园为例。

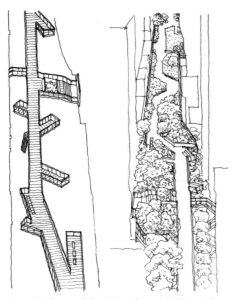

不同路段的景观空间对比，有通过结构和形态呈现的空间序列，也有通过植物塑造的自然与人工的虚实对比空间

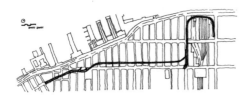

位于曼哈顿中城西侧的高线公园是一段三十英尺高的高架铁路，建于1930年，它的成功改造和利用证明了公共空间对经济发展的刺激作用，为市民提供了更多户外休闲空间

节点空间的打造，通过对自然要素和人工要素的组合与对比，构建不同感受的半私密、半公共空间和植物塑造的小气候空间；工业形象（钢板）与当代空间、自然的碰撞，丰富线性空间的体验层次

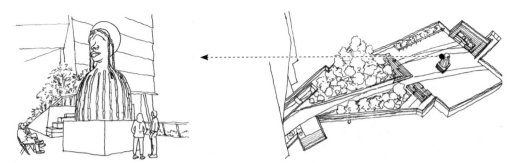

雕塑与设施：赋予空间休憩、展示功能，形成视觉焦点，提升环境格调的同时也升华了空间主题，使景观富于表现力

打破线性空间的单调感，形成可辨析的空间结构，通过连续的拓展至城市空间的节点体验，感受这个自然与文化构建的小环境

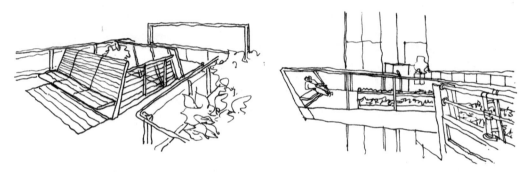

与休憩设施组合的空间序列节点：体现尊重场所中人们的行走习惯和使用情绪，不仅提供平稳、安定的休息设施，也设置与城市互动的惊喜体验

尊重场所中的使用密度，把握其间的动态关系，考虑人与人在使用空间时的影响、个体对场地环境的使用和感受，如适合聚众、交谈、休憩的开放性的草地与半私密空间的结合设置，体现对公共空间的充分利用

将场地塑造为城市客厅，人们主动参与其中，与城市对望，满足交流、休闲，使其真正为人们所享用和讨论，由此成为一种与人们活动相互补充、与人们发展相互促进的场所

设计细节决定空间品质，一是技术层面的考究，主要体现于界面、材质的衔接；二是形式的细腻，形成与历史空间的对比，塑造具有当代氛围的品质空间，也是对场地信息的反映；三是对人的关怀与对历史空间的尊重

（2）构思与策略

"意在笔先"是指设计之前必不可少的构思、创意、指导思想或意图。经过调研分析，设计者明确了场地性质和功能要求后，就要思考方案的主题和解决问题的策略。这种构思是将项目客观存在的各要素按照一定的规律架构起来，运用多种思维方式创造观念中景观空间的过程，并采用图像、模型、图表、文字等方式来呈现。具有创意的构思和完善的设计策略是决定设计成败的关键。有时构思来源于设计者对场地环境与现实条件的思考，有时运用的是艺术想象思维，有时受设计相关题材、素材的提示，有时干脆是一种哲学观念或主义等等，然后探索如何运用景观要素进行组织、衔接来实现构思就是策略。

案例1　以景观设施为表现主题营造公共环境

广场的目标是为人们提供一个观赏性的休憩场所，通过花池、置石、景观墙、座椅设施和植栽等每一个小动作，让城市生活更加引人注目；在形式语言下，是对邻里关系的仔细分析和对城市空间的深刻理解。

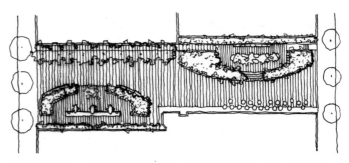

弯曲的花池将小广场组织成不同区域，具有不同程度的亲密感和封闭性

一个镂空的框架是一个不锈钢水龙带，它的声音为竹林地的环境增添了品质

定制的吧台凳子、长凳和餐桌，为人们提供多种选择；100英尺长橙色的波纹金属墙意在吸引行人和车辆的注意，墙壁上椭圆形的洞口使空间充满生气，后面透出的竹叶模糊了景观和建筑的边界

纽约国会大厦广场

案例2 以景观要素"地形"塑造城市广场

在景观设计中,地形是景观构成的基本骨架,是其他要素布局的基础。塑造地形是一种艺术创作,虽师法自然,却比自然更集中、更概括。有时,地形本身就包含着设计理念的全部内容,此时,它是地景艺术。

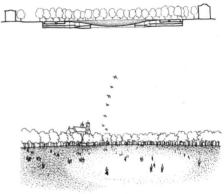

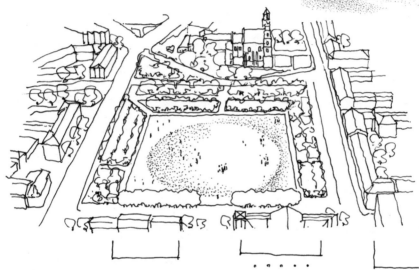

微地形的圆形广场精简而纯粹,呈现稳定、中性的特征,给人一种舒适、开阔、自由的感觉。地形模糊了边界,一切活动都成为最具魅力的视觉连接体。凹地形空间具有"低落幽曲"之美,将空间的潜能释放出来,成为承载多功能活动的容器,任由人们演绎。当人们步入"盆地"广场,只能看到四周环绕的大树,这种纯净而宁静的空间使人们沉浸在记忆的思考中。

立陶宛维尔纽斯 Lukishkiu 广场

案例3 以景观要素"水"塑造街景空间,再现自然

直接从大自然中汲取灵感、获得设计素材是提升设计构思能力、创造具有个性景观意境的方法之一。如美国景观设计师劳伦斯·哈普林设计的水景广场,以"水"这个景观要素组织空间,改善城市小气候,将水景的动与静、形与色、自由与秩序等特性发挥得淋漓尽致,塑造了声情并茂的街景空间。

美国波特兰市凯勒喷泉水景广场　将自然水景呈现的泉源、溪流、瀑布以抽象艺术的手法予以再现

哈普林研究水流动形态的速写　记录石块周围水的运动、石块质感和纹理的变化，但他在实际创作中并没有直接模仿自然，而是将这种自然动态进行抽象演绎，使其与城市环境相协调

案例4　以格网进行景观要素布局，塑造"可视品质"场所

解构主义和极简主义的景观设计都常用格网体系建构场地空间，追求抽象的几何秩序，将环境分成不同的层，叠加后产生互相冲突、裂变的结构，各要素之间，你中有我，我中有你，彼此对抗又相融。这种景观特征表现的并非精神，而是存在的物体。作为公园，场地拥有草地、树木、水池和休憩设施；作为广场，它有硬质铺装供人流聚集和穿行，而其本身又呈现神秘的艺术之美。由于一切要素都严格控制在几何秩序下，要求施工精准、精确，因此场所具有品质感。

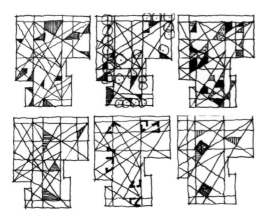

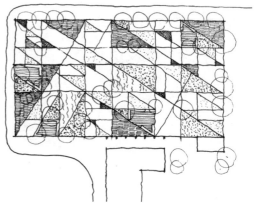

广场平面由草地层、花池层、铺装层、水系层、设施层、游戏和构筑物层级叠加而成

用网格和多层的景观要素重叠在一个平面上来塑造场地，极端的几何要素与环境形成视觉反差，充满节奏和韵律之美

米兰罗扎诺市（Rozzano）的新城市广场设计（Piazza Fontana）

案例5　基于"绿色"空间理念的景观建构

在城市中营造"自然庇护所"是当代景观设计的主要目标之一，区别在于针对不同类型项目，对景观空间的架构和要素组织也不同。在表现绿色主题的设计中，"植物"要素必不可少，但现代造景方式只是将植物作为一种素材，并不像古典园林中把植物作为主要的表现内容，或者说，当代的问题是如何以植物和其他要素塑造绿色空间。

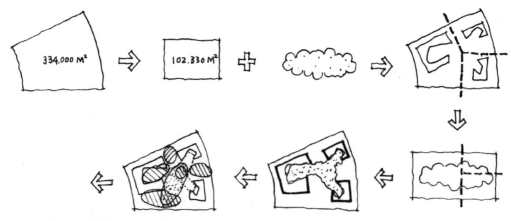

从尺度与营造绿色空间理念入手，通过景观的柔性方式，将三个孤立的建筑体量连接为一个整体

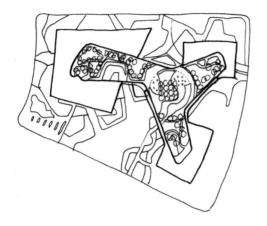

在规划和组织形式上，不是仅用轴线或视线来组织空间，而是采用流动的线形成非对称构图和动态平衡，植栽和覆土建筑的形态服从于这种动线和构图，改善微气候的同时又营造了自然有机亲切的环境。作为建筑与城市纽带的绿色广场既属于建筑又具有城市属性

韩国忠南政务综合体

案例6　以技术再现自然

当代快速发展的技术已经应用于各个领域，在景观设计中，计算机建模、模拟技术也常用于探索设计理念和方法。技术和生态之间在当代城市环境中是一种新的共生关系。有时，不需要强调人造与自然的界限，自由地设计就好，人们可以通过设计进程和自然进程之间的游戏来影响自然法则，因为人是可以被环境同化的。

视觉要素来源：树干、树皮肌理、碎枝、迷彩图案

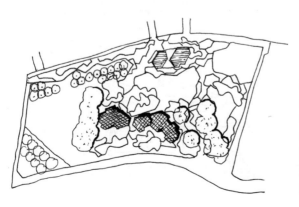

高技术公共艺术与真实自然的交织，金属织网和钢柱象征城市中的植物，与自然树木形成一片城市森林，营造超现实主义的空间氛围，亦真亦幻；这是对城市、人工、技术、自然等都市问题的反映，更是对人类与自然如何共生的思考

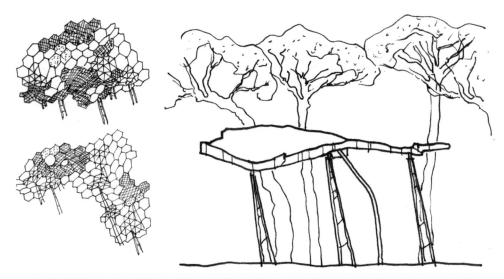

通过计算机技术对自然的抽象、模拟，以新材料的再现，使自然在这个人造的景观中具有了永恒性

西班牙Pinar de Perruquet公园

案例7 基于理论思想对城市景观的塑造

OMA的拉·维莱特公园设计方案与其说是设计，更像是建筑师回应城市问题的一种态度和思想纲领，其设计并非只是一种风格的应用，而是对当代设计、思想、关注点、舆论发展而来的设计思想的体现。库哈斯的景观策略是将城市中的人工属性放大，方案中的景观不再模仿自然，而是将自然景观驯化为城市森林。在库哈斯看来，本来就是人造的环境，何必要假装天然，这种"对抗性"的表达更是对生态、对民生的关注。

公园总体策略中追求不确定性、可变性和多样性，均发生在条带空间中，景观和自然元素被配置在不同的条带环境中

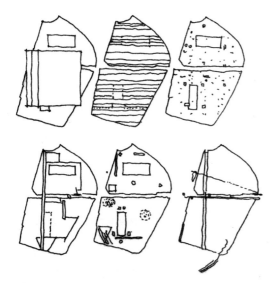

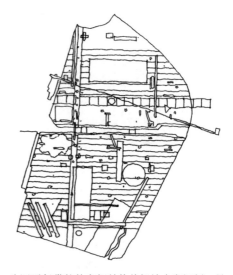

场地不同的条带中功能各异，面积需求也不同；不同密度点网格的叠加产生了极强的丰富性；不同的游走路线形成了不同的组织顺序；不同层级要素的超级条带按照清晰的逻辑生成、叠合，使场所不断增加复杂性

公园平行带状的空间结构将场地内容切割、并置，产生的边界为场地置入了一种秩序，在维度和向度的规则下，每个条带内的活动都不影响整体的稳态，进而满足公园的复杂功能需求

OMA的拉·维莱特公园设计方案

4. 方案比选

对设计方案进行比较和权衡，从设计目的出发，针对一些相互制约的问题进行权衡和决策，选出较为满意的方案或集中各方案的优点进行改进。考虑的方面为主题明确、解决途径和方法清晰合理、满足功能要求且有创新、形式与环境能建立对话、经济成本等。通过这个设计环节，团队成员对设计项目背景和任务的认识更加深刻，使接下来的设计分工、协调、交流可以更加顺畅。

案例城市滨水广场设计项目

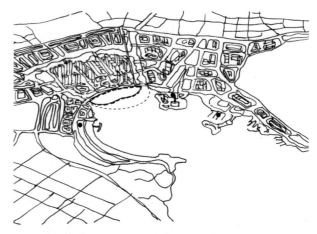

对周边环境与条件进行分析，设计的关键在于如何从空间安排上保证场所各区域活动的交织，进而从整体空间结构上实现各个群体的价值观之共存

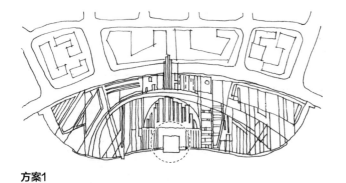

方案1

针对局限性的分析,强调经济与生态的协调发展,沿街区构建景观通廊,广场中心景观利用海洋能源在不同时节变幻,赋予持续的活力

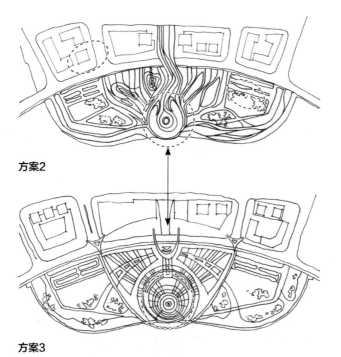

方案2

探索场所与城市的关系,研究场所的属性与塑造,与海湾其他景观进行功能上互补,对场地和环境关系进行梳理及重构,对人的交通行为进行分析,设置停车场和休闲绿地,在核心空间设置体现城市与生态信息的装置

方案3

与方案2规划相似,以标志性雕塑提升主题,细化广场尺度

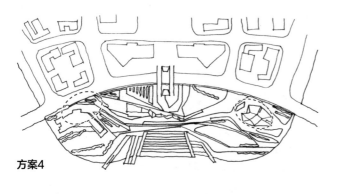

方案4

以标志性文化建筑刺激城市发展,建筑即事件,通过建筑使场地成为制造文化和消费事件的场所

选取方案2

理由：

- **设计构思明确**：文化沸点设计学视角——城市记忆点传媒学视角——事件发生地营销学视角——活动体验地社会学视角——文化演绎场

- 更加注重景观的可行性以及环境空间的多用途性

- 与其他内湖和河道公园形成功能互补

- 在形态上，城市气质可以通过场所表现出来

- 中心装置理念作为城市的催化器，承载多种信息

- 广场配套设施完备

- 预算合理

最佳解决策略

寻求解决策略需要对相关资料进行详细分析。在实际设计中，我们常常对此部分研究投入不够，它包含对相关案例的收集和比较、国际发展趋势的总结、当今先进的认识等，这是决定方案是否具有创意和个性的关键。

场地位于新区，国际商务区的起点，有良好的区位条件和自然环境优势，是发展现代产业的理想地；设计基于对上位规划和现状条件的分析，将广场建设为具有国际影响力的城市视觉门户

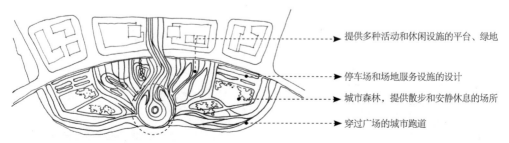

庆典广场和活动空间：海洋相关的装置艺术有常态、特殊性和活动时的不同状态，周边设置互动影响设施；中轴的设计形态寓意海水的柔性与包容；功能的设置和空间分配加强了人们的参与度和停留时间

5. 成果表达

　　景观设计包含很多类型，如公园设计、城市广场设计、城市街道设计、城市滨水区域湿地景观设计、旅游区景观设计、历史遗迹的保护利用设计、居住区景观设计、纪念性场所景观设计等，面对不同项目类型的设计标准和原则，所采用的方法、途径和侧重点不同，最终图纸呈现的内容也不同，以下将举例说明成果表达的要点。需要指出的是，设计实践领域的研究潜力巨大，景观设计知识的更新很大程度上来自于实践研究，因为，一是市场的驱动力促使设计团队不断创新；二是与实施的新政有关；三是学者个人的研究动力，即创造和探索新知识作用于实践，因此景观设计的途径和方法是不断发展和改进的。

案例1　城市公园设计

- 项目背景分析
- 案例调研与资料分析
- 确立设计标准和原则
- 构思和设计理念
- 总体规划
- 园路的分布
- 节点布局（出入口、广场、建筑等）
- 地形处理
- 给水排水设计
- 种植设计、水系设计
- 分区设计分析
- 效果图

比例的选用

图纸名称	常用比例	可用比例
总平面图	1：500、1：1000、1：2000	1：2500、1：5000
平面、立面、剖面图	1：50、1：100、1：200	1：150、1：300
详图	1：1、1：2、1：5、1：10、1：20、1：50	1：25、1：30、1：40

项目区位

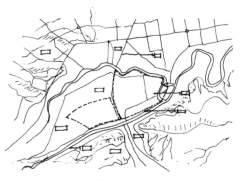

卫星图区位分析

上位规划

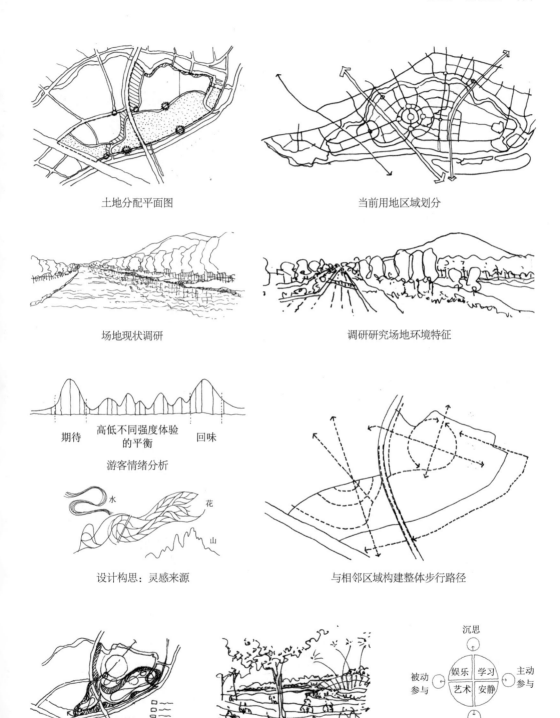

土地分配平面图

当前用地区域划分

场地现状调研

调研研究场地环境特征

高低不同强度体验
的平衡

期待 回味

游客情绪分析

设计构思：灵感来源

与相邻区域构建整体步行路径

构思草图

情景设计草图

各种不同体验

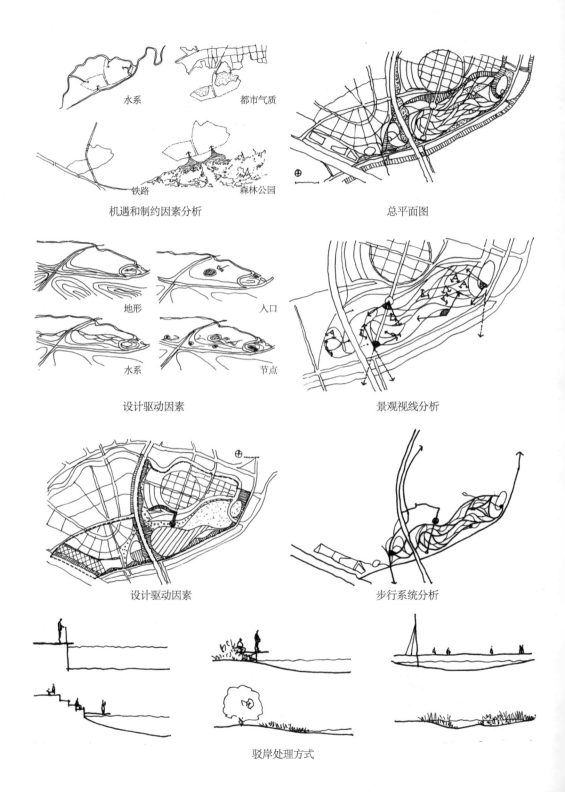

水系　　　　都市气质

铁路　　　　森林公园

机遇和制约因素分析

总平面图

地形　　　　入口

水系　　　　节点

设计驱动因素

景观视线分析

设计驱动因素

步行系统分析

驳岸处理方式

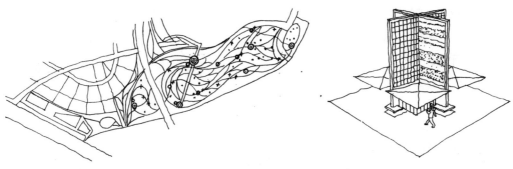

景观重要节点、次要节点与一般节点布局

昆虫旅馆（生态策略）

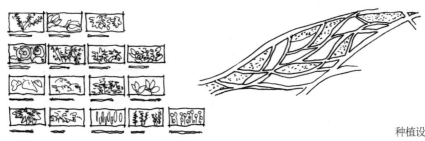

种植设计（局部）

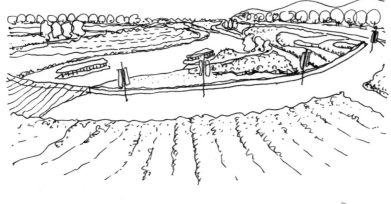

河道种植与水岸效果图

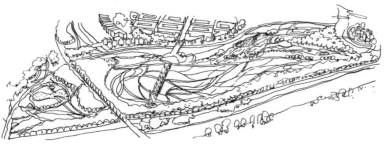

公园鸟瞰图（能看到场
地空间结构、所有景观
要素的配置和功能布局）

案例2 郊野花海公园设计

- 区位与现状分析
- 目标定位
- 规划理念
- 规划设计
- 分区说明
- 建筑与设施设计

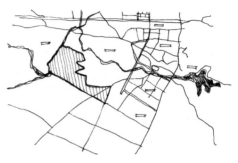

项目区位、背景与基地交通

项目地处平原和山脉的接合地带，基础设施条件良好，基地水系充分，与古镇和湿地公园相邻，可以形成与旅游产品的相互带动和休闲观光功能的互补。

总体要求： 结合大地艺术、田园花卉和郊野公园的特点，体现观光旅游、休闲养生及特色体验功能；既有田园花卉的规模，又有公园的精致；打造以花卉观赏为主的综合性旅游胜地。

功能要求： 总用地面积为1063亩。项目要求东侧为观光和配套服务区、西侧为大地花卉种植区；设计应考虑现状地块之间的地形现状，交通连接，建筑用地等；花卉图案辨识性强，并且考虑设计主题和元素不便的情况下每年以不同的图案呈现。

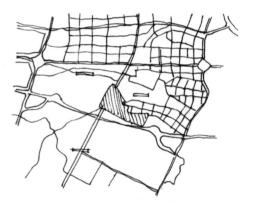

项目区位、背景与基地交通

设计意图： 设计借助人们最熟知的图形元素进行规划，设计花开四季、动态演绎的花海世界。

我们肯定不由自主地将大地图形与园区道路设计拧在一起，不考虑未来变化；或是图形尺度过大，人在任何角度都无法辨识；或是景观建筑难以融于图形中、景观边界不易处理等，以大地艺术为主题的景观项目都包含了这些问题，但理念发展 更多用的是科学方法，创造矛盾又解决矛盾。蝴蝶图案需要考虑与道路关系、图形边界利于图案变化并尽量用重合边界，利用地形地貌，线条简洁，便于游客在观景塔或观景台上的辨识。

设计灵感：破茧成蝶

四季图形设计

花海种植和景观节点的设计源自对蝴蝶图形和其各种形态的灵感，设计利用地形和区域轮廓来表现"蝴蝶"主题，以蝴蝶图案形成大地艺术的边界，而图形中的种植、花卉、建筑、景观设施、游园、湿地等将变为蝴蝶蝶翼上的图案，给人非常奇幻的感觉。花海将美妙的微观世界无比放大，游人穿过蝴蝶花海像游走于神奇的感官世界，又会惊喜于本身成为图案的一部分。

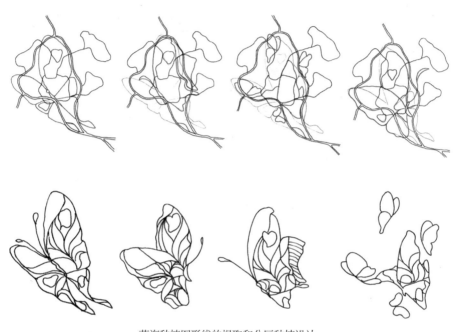

花海种植图形线的提取和分区种植设计

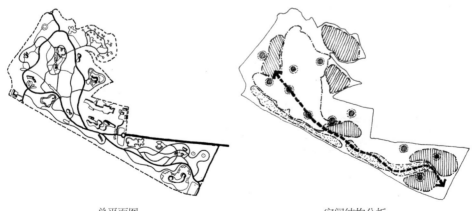

总平面图　　　　　　　　　　　　空间结构分析

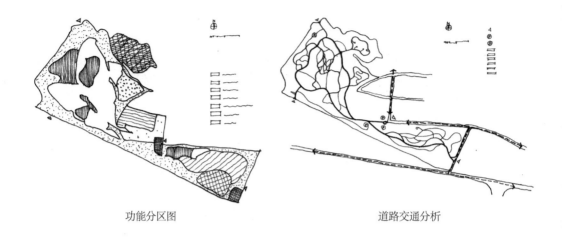

功能分区图

道路交通分析

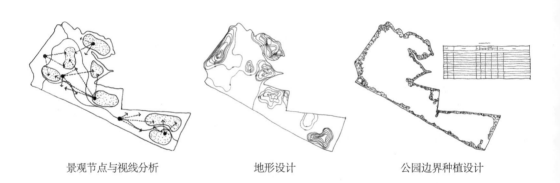

景观节点与视线分析

地形设计

公园边界种植设计

分区设计（含建筑与设施设计）

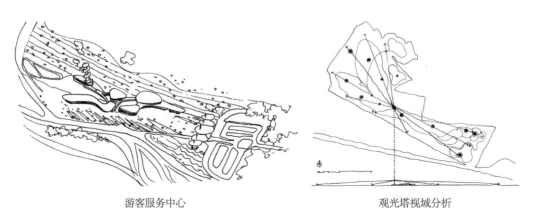

游客服务中心

观光塔视域分析

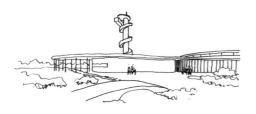

观光塔与入口配套服务区

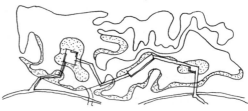

湿地节点设计

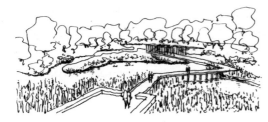

湿地景观效果

婚庆演艺区

利用原有地形设计儿童游乐区（霍比特屋）

整体鸟瞰图

案例3　工业遗产的保护、改造和更新设计

- 工业遗产保护概述——保护的基本内容
- 文化创意产业概述——利用的策略
- 工业遗产与创意产业的相互关系——设计依据和目标
- 工业遗迹保护规划、标准、分类
- 调研、现状条件认识、考察建筑质量
- 设计内容

项目为百年工业遗迹油脂厂和造纸厂的改造与利用设计，区域地处历史文化名城和工业港口城市，首先，从省域层面、市域层面、基地层面进行社会、经济、历史、环境资源、交通等背景的分析；其次，结合创意产业的研究构建设计发展目标和营销策略；再次，根据当地历史文化街区保护规划形成设计原则；最后为设计内容，包括：现状梳理、项目定位、设计理念、方案构想、技术指标与重点建筑设计。

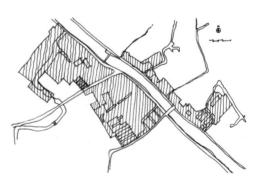

历史文化街区保护规划

省域、市域层面：区位分析与环境、交通说明

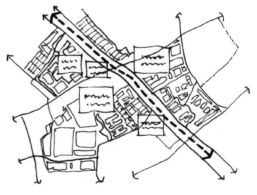

基地层面：与整体保护规划的关系

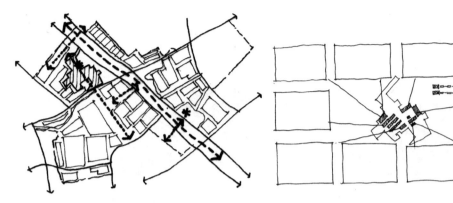

上位规划分析，基地与整体区域的功能、景观结构关系

现状调研：照片、描述建筑性质和质量

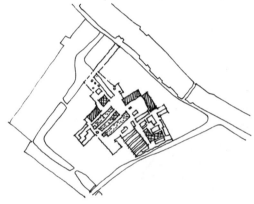

根据用地功能和建筑质量评价进行改造方式的分类

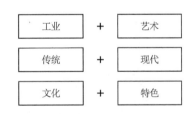

工业	+	艺术
传统	+	现代
文化	+	特色

项目定位与设计理念图：存留原真工业文化底蕴；塑造创新产业文化形象；构筑特色文化艺术精神

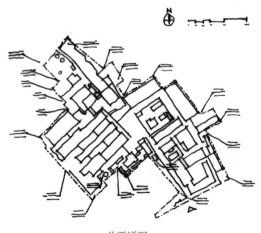

总平详图

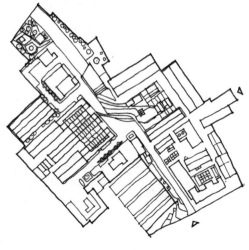

总平面图

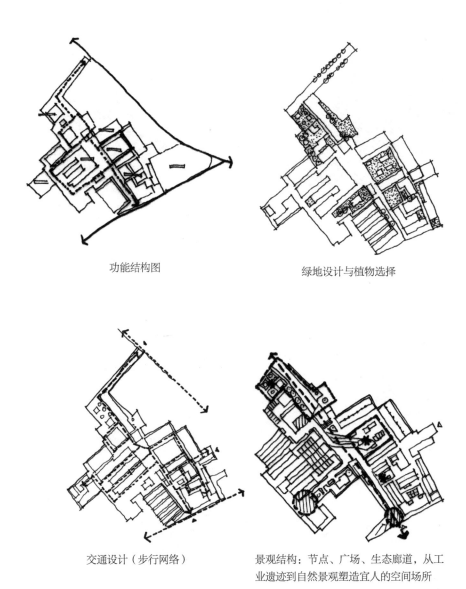

功能结构图

绿地设计与植物选择

交通设计（步行网络）

景观结构：节点、广场、生态廊道，从工业遗迹到自然景观塑造宜人的空间场所

东入口广场效果图

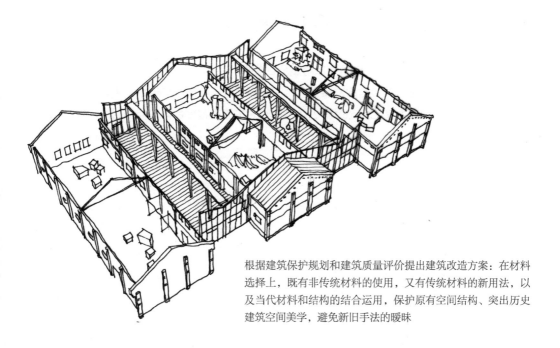

根据建筑保护规划和建筑质量评价提出建筑改造方案：在材料
选择上，既有非传统材料的使用，又有传统材料的新用法，以
及当代材料和结构的结合运用，保护原有空间结构、突出历史
建筑空间美学，避免新旧手法的暧昧

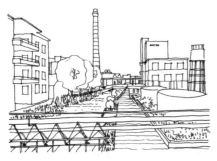

水系治理和生态恢复方案

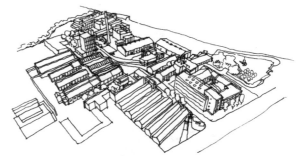

鸟瞰图

案例4 古村落保护、开发和利用的景观设计
- 现状分析，在此类项目中，现状调研是重中之重，需要深入、详实的考察和访问，因
为设计的每一步都是基于村落现状信息的准确把握而进行的设计
- 设计理念，相关案例解读
- 总体定位
- 景观设计策略，空间肌理、识别性节点整治、水系绿化、村民利益等

- 建筑设计策略，对待原有建筑与新建建筑的态度
- 设计内容

　　古村落距离市区20公里，与高端旅游度假区相邻，西南连接镇区，交通便利。项目面临城市旅游岛建设和文化旅游转型的发展机遇，因此项目根据城市总体规划要求，将具有悠久历史的自然生态古村发展为文化生态旅游、休闲体验为主的旅游综合体，与相邻度假区在功能和经营理念上形成互补。

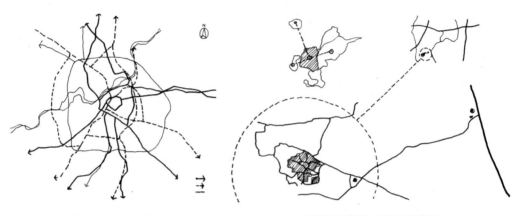

区位分析，发展与机遇　　　　　　　　　　　村落周边交通与局限因素分析

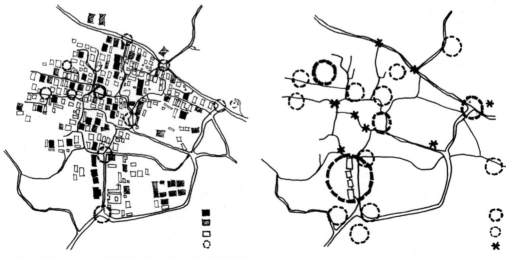

村落现状调研，对有开发潜力的建筑和开放空间进行　　　古村景观节点布局
标注和划分（历史价值）

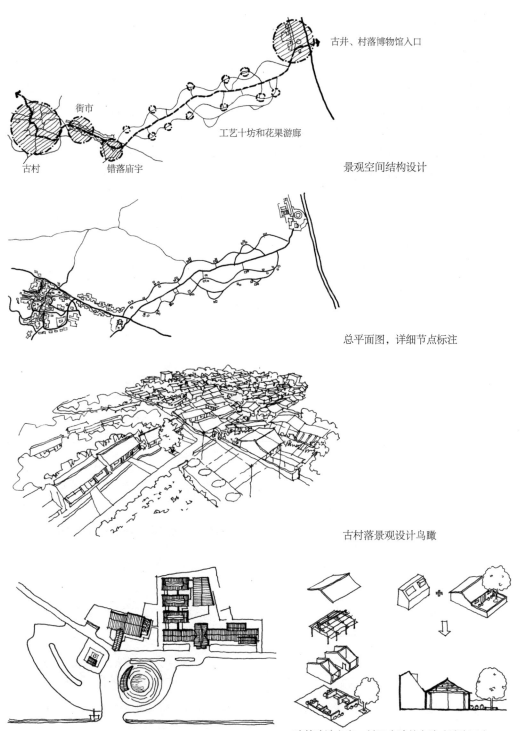

古井、村落博物馆入口

街市

工艺十坊和花果游廊

古村 错落庙宇

景观空间结构设计

总平面图，详细节点标注

古村落景观设计鸟瞰

入口节点的打造：古村博物馆建筑、古井、古树

建筑改造方案，村民出让的宅院改造为民宿

6. 设计表现

景观设计表现主要有徒手绘制、三维建模、摄影、视频、数字化设计、利用卫星图像和地理信息系统进行综合表达等。景观设计的表现方式对团队交流、是否被客户接受的影响很大。比如我们参加竞赛的图纸可以任由我们选择表达方式，但与客户交流时，他们更希望看到具体的落实方案效果，并不接受过于概念的、难以辨析的表达。但分析图的制作是以上技术的综合运用，依据项目类型、研究方法来选定。这里只对效果图的图像选取和表现角度予以说明。

关于透视图的视角选择

- 视点高度

平视图，定一个视高向前平视，主要变现空间层次或具体内容；

鸟瞰图，空中向下俯瞰，呈现空间总体格局。

- 视角选择

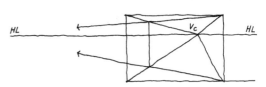

两点透视，很像斜一点透视，呈现的空间较稳定，有较大的视域感

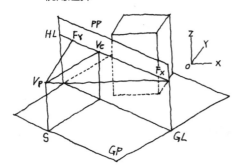

两点透视：构图较为活泼，有动态感

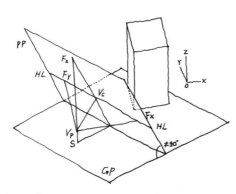

三点透视：主要体现建筑物或标志物高耸的视角

景观设计不可缺少的鸟瞰渲染图，呈现空间结构、功能分区和主要要素组织方式

构图中注意要点

一点透视、两点透视，注意消失点，以及近大远小、近实远虚、主与次、疏与密的透视法则；
构图中要注意景物的层次关系：近景、中景、远景；均衡与对称：画面的物理中心与视觉、心理中心的处理。

圆形构图：饱和有张力，主体明确

三角形构图：正三角较空，锐角刺激

S形构图：优雅有变化

辐射构图：有纵深感，呈现的空间层次丰富

水平式构图：安静、平稳感

参考文献

［1］中国建筑工业出版社，中国建筑学会. 建筑设计资料集 第1分册 建筑总论［M］. 北京：中国建筑工业出版社，2017:481-535.

［2］汪家明. 线条——斯坦伯格的世界［M］. 北京：生活·读书·新知三联书店，2018:290.

［3］丁绍刚. 风景园林·景观设计师手册［M］. 上海：上海科学技术出版社，2009.

［4］［德］迪特尔·普林茨. 城市设计（上）（下）［M］. 吴志强译制组译. 北京：中国建筑工业出版社，2010.

［5］［美］格兰特·W·里德. 园林景观设计·从概念到形式［M］. 郑淮兵译. 北京：中国建筑工业出版社，2010.

［6］彭一刚. 中国古典园林分析［M］. 北京：中国建筑工业出版社，1986.

［7］［日］进士五十八，铃木诚，一场博幸. 乡土景观设计手法——向乡村学习的城市环境营造［M］. 李树华，杨秀娟，董建军译. 北京：中国林业出版社，2008.

［8］［日］金井格等. 道路和广场的地面铺装［M］. 章俊华，乌恩译. 北京：中国建筑工业出版社，2002.

［9］刘滨谊. 现代景观规划设计［M］. 南京：东南大学出版社，2010.

［10］汤晓敏，王云. 景观艺术学——景观要素与艺术原理［M］. 上海：上海交通大学出版社，2009.

［11］［美］查尔斯·A·伯恩鲍姆，罗宾·卡尔森. 美国景观设计的先驱［M］. 孟雅凡，俞孔坚译. 北京：中国建筑工业出版社，2003.

［12］［美］约翰·奥姆斯比·西蒙兹著. 大地景观——环境规划设计手册［M］. 程里尧译. 北京：中国水利水电出版社，知识产权出版社，2008.

［13］［日］针之谷钟吉. 西方造园变迁史——从伊甸园到天然公园［M］. 邹洪灿译. 北京：中国建筑工业出版社，1991.

［14］钟训正. 建筑画环境表现与技法［M］. 北京：中国建筑工业出版社，1985.

［15］［美］兰德尔·阿伦特. 国外乡村设计［M］. 叶齐茂，倪晓晖译. 北京：中国建筑工业出版社，2010.

［16］金广君. 图解城市设计［M］. 哈尔滨：黑龙江科学技术出版社，1999.

［17］［美］M·艾伦·戴明，［新西兰］西蒙·R·斯沃菲尔德. 景观设计学：调查·策略·设计［M］. 陈晓宇译. 北京：电子工业出版社，2013.

［18］［美］约翰·奥姆斯比·西蒙兹，巴里·W·斯塔克. 景观设计学［M］. 朱强，俞孔坚，王志芳，孙鹏等译. 北京：中国建筑工业出版社，2009.

［19］杨帆，黄金铃，孙志立. 景观序列的组织［J］. 中南林业调查规划，2000（11）：39-43.

［20］［美］凯文·林奇. 城市形态［M］. 林庆怡，陈朝晖，邓华译. 北京：华夏出版社，2001.

［21］［美］凯文·林奇，加里·海克. 总体设计［M］. 黄富厢，朱琪，吴小亚译. 北京：中国建筑工业出版社，1999.

［22］成玉宁. 现代景观设计理论与方法［M］. 南京：东南大学出版社，2010.

［23］沈守云. 现代景观设计思潮［M］. 武汉：华中科技大学出版社，2009.

［24］吴晓松，吴虑. 城市景观设计——理论、方法与实践［M］. 北京：中国建筑工业出版社，2009.

［25］张为平. 隐形逻辑——香港，亚洲式拥挤文化的典型［M］. 南京：东南大学出版社，2009.

［26］王向荣，林箐. 西方现代景观设计的理论与实践［M］. 北京：中国建筑工业出

版社，2002.

［27］汪菊渊. 中国古代园林史［M］. 北京：中国建筑工业出版社，2010.

［28］朱钧珍. 中国近代园林史［M］. 北京：中国建筑工业出版社，2012.

［29］［巴西］约瑟夫·M·博特. 奥斯卡·尼迈耶［M］. 沈阳：辽宁科学技术出版社，
2005.

［30］卢济威，王海松. 山地建筑设计［M］. 北京：中国建筑工业出版社，2001.

［31］［美］莱若·G·汉尼鲍姆. 宋力译. 园林景观设计——实践办法［M］. 沈阳：辽宁科
学技术出版社，2004.

［32］［英］罗伯特·霍尔登，杰米·利沃赛吉. 景观设计学：调研·流程·表现·管理［M］.
朱丽敏译. 北京：中国青年出版社，2015.

［33］［日］西冈常一，宫上茂隆等著. 穗积和夫绘. 日本营造之美：第一辑［M］. 张秋
明等译. 上海：上海人民出版社，2020 .

［34］［日］芦原义信. 街道的美学［M］. 尹同培译. 南京：江苏凤凰文艺出版社，2017.

［35］［日］秋元通明. 图解日式自然风庭园［M］. 徐咏慧译. 台北：易博士文化，城邦
文化出版社，2016.

［36］［日］井上洋司. 低维护创造：绿色空间［M］. 东京：彰国社，2014.

后记

　　本书计划已经有5年，成稿是最近8个月，每天不断地查找、分析、画图和编辑。本书缘出是中国建工出版社的李鸽编辑向我提议，以手绘的方式撰写关于景观入门的书籍，她对书籍和文字有深厚的感情，但也认为在图像时代，要遵从人们学习和认知的习惯，以视觉的方式将知识进行传达以激起人的兴趣，才能引发人们深入查询相关知识理论的动力。我非常认同她的观点，手绘表达也是我的爱好和设计习惯，于是达成共识。我本以为自己可以很快进入状态，很快列出提纲、章节，找出最容易、也最有兴趣入手的一节开始，但事情的进展并非我想象，图示语言并不是想当然就可以画出来，有时一个极其简单的图示要研究很久，要思考如何将影响理解的信息滤掉；即使面对案例图片、照片也要琢磨该如何提取信息。这个浩瀚的工作量让我退却了，但由于我认为这项工程具有很重要的意义，并没有彻底放弃，于是一拖几年就过去了。

　　就在前两年，不知不觉养成了手绘记录生活的习惯，并不是天天画，也积攒了100多张，有的创作困难，焦虑但又兴奋，我把它们收集成册，出版了《行走的笔尖：设计师手绘札记》一书，这个过程给我的启示有二：一是，如果将一件事坚持做下去，回头看看，并不需要很长时间就能积累很多；二是，手绘札记里的内容比景观设计入门的知识还需要创意、表达难度也更大，这让我不再惧怕那些浩瀚的图量，并且对自己如何成就它也充满期待。于是静下心来将自己的设计实践进行梳理、查询相关知识并学习、绘图、分析、总结……就这样发展开来。

可以说，此书的写作过程是我重新梳理知识体系、再学习的过程，有些知识原理虽然简单易懂，但回想我的景观实践过程，发现有时最好的理念就蕴含在这基本的原理中；在进行案例的查找、举例说明过程中，发现许多好的落地项目和前人早已总结出的经验时又后悔不已，可惜当年没有认识到其中内涵。总之我感恩这个做书过程，学习和收获令人兴奋。

此书也似乎帮我找到了未来发展方向。由于要借鉴表达方法，我特意去了日本的书店找寻灵感，因为他们在知识科普方面较为领先，实用美术、商业美术遍布各个领域，在空间设计的知识传达方面，专业学者会以通俗易懂的绘画形式讲述各种室内外空间形成的方法和途径，不用说学生学习起来有多感兴趣了，就是甲方找来相关书籍查阅也会很快了解专业的面貌，这对于设计交流、精准到位地提出想法有很大的推动作用，由此也能反作用于设计者本人专业能力的提高。我目前的能力还达不到对知识深入浅出、以轻松的方式去传达，这需要实践的积累和对原理的通透理解，但这条道路却深深地吸引我去探索。

最后，感谢中国建筑工业出版社对此书的支持和信任，感谢编辑陆新之、黄习习、刘丹的细心调整，能让更多的人看到景观设计的魅力；感谢我先生刘继华不断地鼓励，还时常给我针对性的意见，他认为我做了一件了不起的事情，这种"夸奖"是我完成此书的重要动力；在资料收集与案例查找过程中，非常感谢朋友李峰、张璇、崔家华对我的帮助，为我减轻了许多找寻的困难。我热切期待此书的出版和读者的反馈，我将努力改进。

张羽
于北京
2020年3月